VIRGINIA RODRÍGUEZ ROSALES

EL MODELO VIRGINIANO
TOMO I

El nuevo esquema educativo para el desarrollo de las Ciencias.

En la ciudad de Querétaro, México a 3
de diciembre del 2020.

**GRACIAS A DIOS,
GRACIAS A MI AMADA FAMILIA,
GRACIAS A MI AMADO MÉXICO,
CON AMOR PARA LOS SERES HUMANOS.**

BREVE BIOGRAFÍA DEL AUTOR

Virginia Rodríguez Rosales: mujer cosmopolita por su vocación y su profundo interés filosófico de comprender la vida, nació en la ciudad de Querétaro-México el 6 de enero del año 1959, aprendió de su padre el amor por la poesía y su ejemplo de trabajo y de su madre la fortaleza y todas las virtudes que Dios le otorgó, se independizo a los 17 años formando una hermosa familia que la ha acompañado en todas sus luchas. Es licenciada en Filosofía profesión que ama y que sabe separar del mundo material que por necesidad la llevó a especializarse en Derecho. Es catedrática y creadora de cursos de superación personal que ha impartido con particulares: Análisis y Solución de Problemas; Saber Escuchar; El Secreto de Amar; Las Garantías Individuales en la Unión Hombre-Mujer y otros.

Registró en Derechos de Autor sus obras: "Hombre, Nación e ilustración en México desde la Fenomenología del Espíritu de Hegel: Un Modelo Para Analizar"; "Las Garantías Individuales en la Unión Hombre Mujer"; "Nuevo Modelo Para el Desarrollo de las Ciencias, subtema Dios Existe"; y la presente obra "EL MODELO VIRGINIANO" tomo I.

Actualmente es maestra con litigio contra la Universidad Autónoma de Querétaro, abogada litigante en defensa de la sociedad y contra la corrupción e impunidad de los servidores públicos por lo que ha sido víctima de privaciones de libertad ilegales y es profesionista con actividad empresarial.

Ha publicado en Facebook tres videos propios: "Gracias a Dios"; "El Modelo Virginiano"; "Creo en Mí"; y su serie que tituló "Vicky Muñecos de Trapo", inspirados por los gráficos de Mafalda la niña encantadora.

PROLOGO

Debo iniciar por exponer que esta obra: la de EL MODELO VIRGINIANO TOMO I, es derivada de la original "HOMBRE NACIÓN E ILUSTRACIÓN EN MÉXICO, DESDE LA FENOMENOLOGÍA DEL ESPÍRITU DE HEGEL: UN MODELO PARA ANALIZAR", con la cual obtuve a través de tesis el título de Licenciada en Filosofía el 9 de mayo de 1997, su NÚMERO DE REGISTRO es el 142950 ante el Instituto Nacional del Derecho de Autor de la República Mexicana, posteriormente presenté para concurso en el Premio Alejandrina 2008, promovido por la Universidad Autónoma de Querétaro la obra: "NUEVO MODELO PARA EL DESARROLLO DE LA CIENCIAS", en el que presente un esquema del Modelo Virginiano; y ahora publico este libro llamado "EL MODELO VIRGINIANO" TOMO I, que consiste en la reproducción en su totalidad de mi obra: "HOMBRE NACIÓN E ILUSTRACIÓN EN MÉXICO DESDE LA FENOMENOLOGÍA DE ESPÍRITU DE HEGEL: UN MODELO PARA ANALIZAR", por considerarla básica para el entendimiento del TOMO II de este Modelo Virginiano.

La utilidad de esta Obra es principalmente para ser ocupada como material didáctico para comprender a Hegel, filósofo al que han llamado masoquista por la dificultad que presentan las lecturas de sus textos; de la fenomenología del Espíritu de Hegel hice un síntesis y la esquematice porque necesitaba comprender claramente su contenido que es extraordinario, me atrevo a decir que todos encontramos en ella el hilo conductor de nuestros problemas, es muy importante utilizar la hermenéutica, es decir las técnicas de la interpretación para dar seguimiento al desarrollo de toda la obra, solamente así y con la ayuda de la esquematización me fue posible comprenderlo, Hegel nos dice que la Fenomenología del Espíritu es un camino doloroso para llegar al Saber Absoluto y en ese camino del saber me sorprendían a cada momento los significados de los esquemas que realice, aquí veremos seis pasos de la fenomenología del espíritu de Hegel: conciencia; autoconciencia; razón; espíritu; religión y saber absoluto, en el último o sexto paso veremos el sorprendente esquema que realice al estarlo leyendo y haciendo mi figura del saber absoluto, el esquema que nadie había hecho pero que gracias a este trabajo lo descubrí y me hizo estremecer con la imagen resultante que les será mostrada.

Hegel es un pensador muy importante hasta la actualidad, tanto que su dialéctica consistente en tesis, antítesis y síntesis es reconocida y aplicada mundialmente en el conocimiento y el desarrollo de la humanidad, Hegel fue y seguirá siendo una fuente fundamental en el desarrollo científico, tan grande era su pasión filosófica que nos deja descrita con sus palabras una figura, me parece que él con la enorme sensibilidad que poseía, quería pulir su dialéctica, ya que en ella se enfoca solamente a lo material, percibió la necesidad del otro eje que no pudo concluir. Después de 189 años de su fallecimiento y contados hasta este año, nosotros la humanidad en general la necesitaríamos, él se estaba adelantando al futuro, trabajaba en otro proyecto más profundo que el que nos dejó con su dialéctica y nos ha sido útil desde el siglo XVIII al siglo XXI, pero todo tiene su momento, ese proyecto lo he seguido trabajando y ahora en este mundo renovado necesitamos un modelo nuevo que nos ayude a que el hombre se desarrolle en su totalidad de ser, necesitamos de la nueva propuesta educativa para el desarrollo de la ciencia a la que he nombrado El Modelo Virginiano. Hegel nació el 27 de agosto del año 1770 y muere el 14 de noviembre de 1831.

Queridos lectores se que es difícil y a veces muy pesado otorgar nuestro tiempo a la lectura, pero es Hegel un reto y un dador de sabiduría que muchos llamarán hermética o hasta esotérica, son conocimientos sumamente valiosos. En mi caso comprendí y vi la necesidad de recurrir a Hegel porque se me presentaba en cada momento de mi capacitación filosófica, créanme que nunca elegí a Hegel como tema de mis meditaciones, simplemente que al organizar mi pensamiento él aparecía sin ser invitado, no, no se rían es la verdad pura como diría Emmanuel Kant otro pensador excepcional y nada ligero de entender pero que nos ayuda a razonar, es urgente renovar el modelo educativo y es el momento de utilizar el esquema que desarrollé y al que le he puesto nuevos elementos para utilizar en la creación de la ciencia.

Los invito a atreverse a leer lentamente y sin esfuerzos el tomo I del Modelo Virginiano, lean y mediten, reflexionen y apliquen, es elemental su lectura para que de manera sencilla comprendan el tomo II del Modelo Virginiano que es el esquema de un modelo educativo para nuestro siglo XXI, para nuestro entorno lleno de nuevas tecnología y con una gran necesidad de humanismo, un humanismo tomado en serio, un humanismo que se introduzca en las aulas académicas y en los sistemas abiertos y que nos aísle de modelos perjudiciales para los alumnos, para ellos que tienen la necesidad de una educación con la que se sientan bien y que sean capaces de valorar las maravillas que nos brinda el universo, que los despojemos del materialismo recalcitrante que los llama a un crecimiento fácil y frágil, no, nada es fácil, es un doloroso camino el camino del saber, la vida es un doloroso camino lleno de imprevistos y sorpresas, pero nosotros podemos colaborar para que la educación los ayude a crecer equilibradamente, la educación no debe tolerar el maltrato físico y mucho menos mental, ni la indiferencia, ni las guerras, es en el amor, es en la colaboración, es en la unión familiar, social y económica donde se aprende a valorar, es EN y CON la elevación espiritual como podemos alcanzar el sentido humano en todo el mundo, es con la educación y con el nuevo modelo educativo "EL MODELO VIRGINIANO", como debe proseguir el desarrollo de la antropología: "ente-logos", basado en el estudio o tratado del ser, en su conocimiento o ciencia.

El TOMO I DEL MODELO VIRGINIANO es como lo dije para utilizarse como material didáctico y comprender a Hegel y posteriormente con el TOMO II DEL MODELO VIRGINIANO expondré el esquema del nuevo modelo educativo para el desarrollo de las Ciencias.

Finalizando amigos de todos los países, soy mexicana y estoy aplicando la historia de México con la fenomenología del Espíritu de Hegel para distinguir cada uno de sus momentos, pero ustedes se darán cuenta de que tomando la historia de su país y analizándose a sí mismos también podrán percibir que cada etapa de su vida, es una etapa de conocimiento o de crecimiento, es un paso hacia cada uno de los momento de la fenomenología del Espíritu de Hegel, en la conciencia, en la autoconciencia, en la razón, en el espíritu, en la religión, o, ¿están acaso percibiendo el saber absoluto?, disfrútenlo y sigan adelante y conscientemente EL CAMINO DEL SABER.

REPRODUCCIÓN DE LA OBRA:

"HOMBRE NACIÓN E ILUSTRACIÓN EN MÉXICO, DESDE LA FENOMENOLOGÍA DEL ESPÍRITU DE HEGEL: UN MODELO PARA ANALIZAR"

AUTOR

VIRGINIA RODRÍGUEZ ROSALES

UNIVERSIDAD AUTONOMA DE QUERETARO

FACULTAD DE FILOSOFÍA

NOMBRE DE LA TESIS:

"HOMBRE, NACIÓN, E ILUSTRACIÓN EN MÉXICO, DESDE LA FENOMENOLOGÍA DEL ESPÍRITU DE HEGEL: UN MODELO PARA ANALIZAR"

TESIS QUE PARA OBTENER EL GRADO DE LICENCIADA EN FILOSOFÍA PRESENTA:

VIRGINIA RODRIGUEZ ROSALES

INDICE

INTRODUCCIÓN

INTRODUCIÓN

Mi ingreso a la Facultad de Filosofía fue acompañado de un sin número de por qués, necesitaba una respuesta, mejor dicho, muchas respuestas, quería comprender el mundo. En el primer semestre se nos hizo un planteamiento: debíamos de llevar una materia titulada "Seminario de Investigación Filosófica", con la cual se nos propuso podríamos iniciar una investigación que nos conduciría a la elaboración de nuestra tesis de titulación. Tenímos que elegir un tema, el que más nos llamara la atención y empecé por querer responderme ¿QUÉ SON LOS VALORES?, finalmente éste examen axiológico me llevó a poner al amor como un máximo valor, como el valor que nos sirve de motor para poder hacer, para poder crear muchas cosas. El asesor de todos en este primer trabajo fue el maestro Ezequiel Rincón Frías.

Para el segundo semestre podíamos elegir nuevamente tema de investigación y también elegir asesor. El momento que estaba viviendo me inclinaba mucho a contemplar la belleza, el arte, la pintura, la naturaleza, podía diariamente escuchar música clásica, y aún sin conocer el nombre del autor o de la sinfonía disfrutaba de ello. Teniendo a la vista esto, decidí contestarme sobre ¿QUÉ ES LA ESTÉTICA?; mi respuesta final fue que la estética es un paso necesario para el hombre, quizá para el hombre que trataba de construir, porque la estética nos ayuda a ser creativos. Convencida de mi respuesta y estando en el momento oportuno de llevar a la práctica mi tesis, funde talleres en los cuales se podía motivar a los niños a desarrollar su creatividad. Mi asesor de Seminario de Investigación Filosófica fue el maestro Antonio Hernández Cortina.

Este mismo semestre se dio mi primer encuentro con Hegel, en la materia de Lógica Dialéctica pude conocer la Fenomenología del Espíritu de Hegel. Nuestra maestra era Guillermina Rivera.

En el tercer semestre no podía faltarme una respuesta a algo elemental, tenía que responderme ¿QUÉ ES LA ÉTICA?; y mi asesora, la madre Conchita Alcocer, me condujo a enfocar mi tema a una sola área, por lo que trabajé la Ética Social del Trabajo Humano, el enriquecimiento que de esto obtuve fue mayúsculo, y entre la bibliografía adquirida quiero destacar el conocimiento que tuve de las Cartas Encíclicas, utilizando para este ensayo la Carta Encíclica Laborens Exercens de Juan Pablo II.

Tuve también la intención de escribir para publicar, motivo por el cual empecé a recolectar mis escritos y traté de darles un enfoque que pudiera servir para una serie de publicaciones bajo un tema: "Introduzcámonos a la Filosofía". Uno de los trabajos que elaboré fue precisamente el que incluye la Fenomenología del

Espíritu de Hegel integrándola con el Mundo Feliz de Aldous Huxley. Este trabajo

lo tengo escrito con fecha 6 de octubre de 1993, en el expongo parte de lo que ahora

es mi tesis de titulación, por lo cual me parece muy importante transcribirlo

intacto, ya que nos ayudará a comprender más fácilmente la tesis que ahora

presento.

"Introduzcámonos a la Filosofía"

Conocer la FENOMENOLOGÍA DEL ESPÍRITU, uno de los puntos primordiales para introducirnos a la filosofía.

¿Y cómo captar mejor esta fenomenología?

La manera que me ha resultado más fácil es haciendo una integración de los VI momentos de la *Fenomenología del Espíritu de Hegel"* con la gran obra de Aldous Huxley *"Un Mundo Feliz"*, espero resulte comprensible también para Ustedes.

"Un Mundo Feliz" nos muestra un mundo mágico donde aparentemente reina la felicidad, basta con que estos seres de probeta consuman el soma (droga) para que todo funcione a las mil maravillas; no hay viejos, porque se muere antes; muestra una juventud permanente hasta el fin, sin enfermedades ni cansancio ni arrugas, desde que se les fabrica ya saben cual será su color, están definidos. No hay pasiones, ni esfuerzo, ni luchas, ni dolores, es un mundo fuera de nuestro mundo. Dos personajes de esta llamada civilización se infiltran en la selva y toman una muestra de ella para llevarla a la civilización, pero esta muestra: "un salvaje", se niega a ser civilizado y trata de librar, de libertar a los somáticos y se aisla, se aisla de esos seres privados de todo conocimiento intelectual a los que se les hace odiar la soledad y se dispone de sus vidas y de su suerte. Ni sufren ni luchan, viven somatizados.

"LA FENOMENOLOGÍA DEL ESPÍRITU" pretende la exposición del saber tal como va apareciendo, conduce al individuo de su punto de vista natural a un punto de vista científico, al del espíritu que se conoce a sí mismo. El lector debe adquirir su propia educación filosófica; aprendiendo, asimilando experiencia, compartiendo cada vez con mayor precisión el mundo y a sí mismo penetrándose mutuamente. Su gran interés es el conocimiento real de sí mismo como conocimiento de la producción del hombre por su trabajo e historia.

En la Fenomenología vemos VI momentos que iremos ilustrando con la ayuda del Mundo Feliz:

I.- CONCIENCIA. "La conciencia nos da ella misma su propia pauta razón por la cual la investigación consiste en comparar la conciencia consigo misma".[1]

Bernard Marx y Lenina Crowne en un mundo feliz hacen un viaje hacia el mundo salvaje; Bernard, es un elemento raro, se niega a ser somatizado, toma conciencia de sí y dice: prefiero ser yo mismo. Ser yo mismo y amargado y no otro y alegre, desea ser libre y feliz de un modo personal. En Hegel Bernard se encontraría en el momento de la CONCIENCIA ya que se enfrenta al mundo pero no se reconoce en él.

II.- AUTOCONCIENCIA. "Solamente arriesgando la vida se mantiene la libertad".[2]

Bernard en mundo feliz se enfrenta al Director, quien le dice que los "alfa" están obligados a ser infantiles aún contra su inclinación y es advertido; pero Bernard sale lleno de triunfal orgullo, cerrando de golpe la puerta, pensando que él solo hace frente a todo el orden de cosas establecido y le fortalece su persecución. En este momento Bernard entra en el momento de la AUTOCONCIENCIA de la Fenomenología, ya que se reconoce y va de su independencia a la libertad. Sólo eso le preocupa para salvarse de sí mismo a costa del mundo y de su propia realidad.

III.- RAZON. "Al llegar aquí, ella misma dispone las observaciones y la experiencia"[3]

Al llegar a Malpaís Lenina y Bernard alcanzan el tercer momento singular del espíritu, el de la RAZON, se hacen conscientes de sí y de su mundo, aunque lo perciben con horror. La RAZON OBSERVANTE entra en acción, hay un desprecio del conocimiento: ver que la gente envejece y que son seres vivíparos y mamíferos les es repugnante. Se percibe también la RAZON ACTIVA ya que
expresa Bernard que les había fallado algo por no haber tenido madre (eran seres de probeta). En Hegel la RAZON es individualidad, el individuo es consiente y debe producirse en otro para ser feliz (la autoconciencia es la reflexión, solo alcanza su satisfacción en otra autoconciencia), la individualidad se revela frente al mundo. La RAZON OPERANTE de Hegel muestra la individualidad real en sí y para sí, obrar es su objeto, mundo animal y espiritual en el que tratan de elevar su tarea a universal, se ve reflejada en Huxley en el nativo que se deja azotar en beneficio del pueblo, para complacer a su dios y demostrar además que es capaz de sufrir el dolor sin quejarse y el orgullo de probar que es hombre.

---

[1] Hegel, G.W.F.: FENOMONOLOGÍA DEL ESPÍRITU, pag. 57.
[2] Ibid. Pág. 116
[3] Ibid., p.148.

IV.- EL ESPIRITU. "El espíritu es la esencia real y absoluta que se sostiene a sí misma".[4]

El espíritu es la vida ética de un pueblo en tanto que es la verdad inmediata. El espíritu que se sabe a sí mismo es la inmediata igualdad consigo mismo; el despojarse de la forma de su sí mismo es la más alta libertad y singularidad de su saber en sí.

En mundo feliz también percibimos el ESPIRITU de Hegel, presenta el mundo ético viviente, la vida ética de un pueblo, el salvaje busca espíritus reales y no figuras de la conciencia, busca el saber de sí mismo a través de las figuras de un mundo nuevo, quiere captar ese mundo nuevo.

V.- RELIGION. "En el mundo ético la religión es destino, es espíritu desaparecido, es la creencia en el cielo, es el reino de la fe, es hundimiento en su destino".[5]

Huxley habla de RELIGION diciendo que sólo se puede ser independiente de dios mientras se es joven y afortunado, el miedo a la muerte hace religioso al hombre. Les hacen odiar la soledad. Si tuvieran un dios tendrían una razón para el renunciamiento. Pasión y neurastenia significan inestabilidad e inestabilidad significa el fin de la civilización. El salvaje dice: no quiero la comodidad; quiero a dios, quiero la poesía, quiero el verdadero riesgo, quiero la libertad, quiero la bondad, quiero el pecado. El derecho a ser desgraciado. Decide alejarse, estar solo, parar las horas rezando hasta extasiarse, cultiva y caza para comer, quería purificarse y redimirse mediante el trabajo y se autocastiga a latigazos. En Hegel la religión es la reflexión de la razón y presenta tres: la natural o común, la del arte y la revelada.

VI.- SABER ABSOLUTO. "En él, el espíritu tiene que comenzar de nuevo desde el principio"[6]
Hegel dice que en el SABER ABSOLUTO ya no hay dialéctica, ya no hay movimiento, es el final del camino, de la conciencia ya no sale nada, es el fin de la historia. Se debe empezar de nuevo pero en una etapa más alta.

El saber absoluto se manifiesta en Huxley con la muerte del salvaje, en cuanto a que es el final del camino, ya no hay dialéctica, ya no hay movimiento, por el suicidio no hubo nueva etapa, es el fin de la historia.

Para el cuarto semestre ya tenía seleccionado el tema para mi tesis de títulación,

ya sabía qué me motivaba para hacer una investigación mayor. Esta vez también

---

[4] Ibid., p. 260.
[5] Ibid., p. 395.
[6] Ibid., p.473.

mi elección estaba relacionada con el momento que vivía, quería comprender algunos textos o algunos discursos que leí, en los cuales se encontraba inmersa la palabra "liberalismo". Ese semestre elaboré un estudio bibliográfico sobre el liberalismo el cual reporté al maestro Modesto Cervantes Sistos, quien fungía como mi asesor en la materia de Seminario de Investigación Filosófica ya antes mencionada.

El quinto semestre, teniendo como profesor de Filosofía del Derecho al Dr. Alejandro Obregón Álvarez, le hice el comentario de que me interesaba el tema del liberalismo y de que había encontrado pocos libros referentes a este estudio; él me recomendó leer EL LIBERALISMO MEXICANO de Jesús Reyes Heroles y me prestó el libro que compila los tres tomos de esa exposición. Al concluir el semestre nuevamente entregué mi reporte al Maestro Modesto Cervantes Sistos.

Para el sexto semestre ya había terminado de leer casi toda la bibliografía que encontré y que presenté en mi Estudio Bibliográfico Sobre el Liberalismo. Nuevamente entregué al Maestro Modesto Cervantes Sistos mi reporte de Seminario de Investigación Filosófica.

El séptimo semestre presenté un esquema de la que podría ser mi tesis, en el incluía: un titulo, la descripción del problema, la justificación, los objetivos, la metodología y un plan de trabajo. Guiada por el maestro Cervantes Sistos; sabía que mi esquema podría cambiar. Obtuve y leí nuevos libros e hice mi reporte.

Para el octavo semestre nuevamente presenté un esquema al maestro Cervantes Sistos; realmente mi visión se había modificado un poco. Había elegido un tema: HOMBRE Y NACIÓN EN EL LIBERALISMO MEXICANO DESDE UNA PERSPECTIVA IDEOLÓGICA, pero no había definido esa perspectiva, teníamos un esquema de los capítulos y los citaba de la siguiente manera:

1.- El desconocimiento del hombre de sí mismo y de su nación.
2.- La recepción de las ideas liberales y la reflexión.
3.- La lucha por la Independencia.
4.- De la Independencia a la Reforma.
5.- De la reforma en adelante.
6.- La perfección, los valores.
7.- Las ideas, los planteamientos, los hechos y el retorno.

Mi asesor, el maestro Cervantes Sistos, me pidió que empezará a escribir, ¡pero ya! Al entregarle los dos primeros capítulos me hizo varias modificaciones y me empezó a cuestionar acerca de lo que había escrito, mi escritura no era clara, le parecía muy subjetiva e incluso le pareció plagio una parte de ella. Al explicarle que el libro supuestamente plagiado yo no lo había leído y que mi redacción la había hecho sólo recordando todo lo que había leído me pidió que todo se lo diera con referencias y que en mi conclusión final era donde podía hablar y comentar lo que quisiera. Otros de los cuestionamientos que me hizo fueron acerca de algunas palabras, por ejemplo: qué quería yo decir con lugar, qué era un país, qué era una nación, si hablaba de hombre de acuerdo a quién, del estado con referencia a quién, quién era un liberal, qué era conciencia, que autoconciencia, etcétera.

Al empezar a dar respuesta a todos los cuestionamientos algunas veces incluía a Nietzsche, otras a Hegel, finalmente le dije que todo lo estaba haciendo siguiendo subjetivamente un camino, que esos capítulos los estaba escribiendo pensando o llevando subjetivamente lo que era la Fenomenología del Espíritu de Hegel pero que eso no lo había dicho, me parecía más que una tesis que estaba escribiendo una novela. Me pidió que le dijera todo, que escribiera todo. Así mi primer capítulo era la inconciencia, el segundo la conciencia, el tercero la autoconciencia y modifique un poco el cuarto y los siguientes para que fueran la razón, el espíritu, la religión y el saber absoluto.

Ahora mi tema fue: Hombre y Nación en el Liberalismo Mexicano desde la Fenomenología del espíritu de Hegel y lo estaba delimitando a la etapa de la lucha por la independencia de México.

Cabe añadir que en el curso de la carrera retomamos a Hegel de una u otra forma en todos los semestres, por ejemplo: en Filosofía Sociedad y Economía nos centramos en la Etapa del Espíritu, y en un Seminario de Especialización nos situamos en la Autoconciencia para trabajar "apetencia", "señor" y "siervo" principalmente. En estas dos materias nuestra guía fue la maestra Guillermina Rivera.

También tomé algunos diplomados fuera de la Facultad de Filosofía que me ayudaron a concretar mis ideas, en dos de estos diplomados tuve por maestro al Dr. Emilio Salim Cabrera.

PLANTEAMIENTO DE MI TESIS

PROBLEMA:

Buscar un modelo que me ayude a comprender, para poder además con él, interpretar, criticar, analizar, proponer modificaciones de hechos concretos y construir nuevos esquemas.

HIPÓTESIS:

Si pude utilizar mi interpretación de la Fenomenología del Espíritu de Hegel para analizar lo subjetivo, puedo con ello también tratar de analizar lo objetivo o concreto y me sirve de Modelo para hacer una Recreación de la Nación.

JUSTIFICACIÓN:

La interpretación que hice de la Fenomenología del Espíritu de Hegel nos servirá de Modelo para interpretar lo subjetivo y lo objetivo y también nos sirve de Modelo para poder hacer una Recreación de la Nación.

OBJETIVOS GENERALES:

Dar mi propia interpretación de la Fenomenología del Espíritu de Hegel, y mostrar que en base a ella, podemos utilizarla como Modelo para comprender la etapa de la Independencia de México y para hacer una Recreación de la Nación.

OBJETIVOS ESPECIFICOS:

I.- Dar una pequeña semblanza de las condiciones de México antes de 1810.

II.- Mostrar que tomando como Modelo el primer momento de la Fenomenología del Espíritu de Hegel: la *conciencia,* podemos comprender el estado en que se encuentra el hombre al iniciarse la lucha por la Independencia.

III.- Mostrar que tomando como Modelo el segundo momento de la Fenomenología del Espíritu de Hegel: la *autoconciencia*, podemos comprender los momentos del desarrollo de esta lucha. El hombre es ahora conciencia que se reconoce; hay lucha de autoconciencias; encontramos expresiones de libertad, de estoicismo, de escepticismo, de conciencia desventurada; y se ve como se desglosan la independencia y la sujeción, es decir, el señorío y la servidumbre.

IV.- Mostrar que tomando como Modelo el tercer momento de la Fenomenología del Espíritu de Hegel: la *razón*, puedo ilustrar que a la consumación de la guerra de Independencia de México el hombre descubre su mundo. Al llegar aquí el hombre dispone sus observaciones y sus experiencias, tiene interés universal del mundo.

V.- Mostrar que el cuarto momento de la Fenomenología del Espíritu de Hegel: el *espíritu*, es esencia real y absoluta que se sostiene a sí misma. Veremos el espíritu verdadero; el espíritu extrañado de sí mismo y el espíritu cierto de sí mismo. Sus figuras dejan de ser figuras de la conciencia para convertirse en espíritus reales, auténticas realidades, son figuras del mundo.

VI.- La *religión,* incluye en Hegel la totalidad de los momentos y nos ha de servir de Modelo en este análisis para ver que la Nación recién formada: México, además de la estructura que se le da en el *espíritu* (cuerpo) debe tener un "acabamiento"** y éste es la *religión* (alma), además nos sirve para que incluyamos en nuestra recreación lo dogmático (dar valores).

VII.- Mostrar que tomando como Modelo la Fenomenología del Espíritu de Hegel y recorridos los anteriores momentos, se llega al *saber absoluto,* terminar la historia y volver a empezar. Concluye una etapa.

---

* La palabra "acabamiento" ha sido entendida como terminación, como final, y hasta como destrucción. Para mi interpretación el "acabamiento" es concluir la obra que estamos construyendo, pulirla, darle los últimos toques. Hegel , en el capítulo del espíritu pag. 265, utiliza la palabra "acabamiento" diciendo:"...la muerte es el acabamiento y la suprema labor que el individuo como tal asume para ella." (Para la naturaleza).

MARCO TEORICO

MARCO TEORICO

¿QUE ES LA FENOMENOLOGÍA DEL ESPÍRITU DE HEGEL?

Es el devenir de la ciencia en general o del saber. El saber en su comienzo, o el estudio inmediato, es lo carente de espíritu, la conciencia sensible. Para convertirse en auténtico saber o engendrar el elemento de la ciencia, que es su mismo concepto puro, tiene que seguir un largo y trabajoso camino. (Hegel, F. del Espíritu, p.21).

La ciencia expone en su configuración este movimiento formativo. La meta es la penetración del espíritu en lo que es el saber. La impaciencia se afana en lo que es imposible: en llegar al fin sin los medios. De una parte, no hay más remedio que resignarse a la largura de este camino, en el que cada momento es necesario , de otra parte, hay que *detenerse* en cada momento, y cada uno de ellos constituye de por sí una figura total individual y sólo es considerada de un modo absoluto en cuanto que su determinabilidad, se considera como un todo, y puesto que no le era posible adquirir con menos esfuerzo la conciencia de sí mismo, el individuo, por exigencia de la propia cosa, no puede llegar a captar su sustancia por un camino más corto. ¿Y cómo se lleva a cabo esto? (Hegel, F. del E. p.22)

La ciencia de este camino es la ciencia de la *experiencia* que hace la conciencia.

Es el camino de la conciencia natural que pugna por llegar al verdadero saber o como el camino del alma que recorre la serie de sus configuraciones como otras tantas estaciones de tránsito que su naturaleza le traza, depurándose así hasta elevarse al espíritu y llegando, a través de la experiencia completa de sí misma al conocimiento de lo que en sí misma es. (Hegel, F. del E. p.54).

Es toma de conciencia del Espíritu absoluto. Históricamente el espíritu se ha realizado; pero debe tomar conciencia de sí mismo; y es eso lo que hace al pensar -en la persona de Hegel la FENOMENOLOGÍA DEL ESPÍRITU, es decir, la historia de sus procesos, "apariciones" o "revelaciones" ("fenómenos"). (Kojeve, La dialéctica del amo y del esclavo, p.41).

La fenomenología tiene un carácter circular. Es el camino que sigue la conciencia para llegar a la autoconciencia, es decir, a comprender que ella es la propia realidad. Ese camino es el llamado de la historicidad del hombre, el "recuerdo interiorizante" de la historia universal acabada. El devenir histórico del hombre es una serie de creaciones activas ("negadoras") pero las tomas de conciencia sucesivas, que son las etapas de la historia de la filosofía y que se integran en y por la *fenomenología* que son en su totalidad esa fenomenología, representan una serie de "experiencias" pasivas, vividas. (Kojeve, La dialéctica del amo y del esclavo, p.42).

Para llegar hace falta "acabar" la historia y tomar conciencia de su desarrollo integral. Esa toma de conciencia es la *fenomenología*, que "introduce" así el hombre en la "ciencia". (Kojeve, La dialéctica del amo y del esclavo, p.44).

DESARROLLO DE LA FENOMENOLOGIA:

Siendo la fenomenología del espíritu el devenir de la ciencia en general o del saber, y teniendo que recorrer necesariamente un camino, en el que hay que detenerse en cada momento y cuya ciencia está en la experiencia, para llegar al verdadero saber habrá que seguir su camino y detenerse a cada momento.

Los momentos que nos marca Hegel son: *conciencia, autoconciencia, razón y espíritu*. De estos cuatro momentos nos separa a los tres primeros y nos dice que estos son abstracciones del espíritu, son el analizarse del espíritu, el diferenciar sus momentos y el demorarse en momentos singulares. El espíritu es la esencia real y absoluta que se sostiene a sí misma. El espíritu es conciencia en general, que abarca en sí la certeza sensible, la percepción y el entendimiento, es realidad objetiva. (Hegel F. del E., p.260).

Cada uno de estos momentos singulares del espíritu contienen tres figuras: el *en si, para si,* y *el en si y para si.* Se es conciencia al ser *en si;* se es autoconciencia al ser *para si;* y se es razón al unir las dos primeras: *en si y para si.*

CONCIENCIA:

Se enfrenta al mundo pero no se reconoce en él. (Hegel, F. del E. p.396).

La conciencia sabe algo, reflexiona en sí misma, es la figura del en sí de la conciencia. (Hegel, F. del E. p.58-59).

La conciencia experimenta en la certeza sensible, en la percepción y en el entendimiento:

La *certeza sensible* es un conocimiento de riqueza infinita, el más verdadero, sabe que *es*; y su verdad contiene el ser de la cosa. La conciencia se manifiesta aquí como puro *yo*. (Hegel, F. del E. p.63).

El *percibir* es la disolución de la conciencia o la reflexión dentro de sí misma partiendo de lo verdadero. (Hegel, F. del E. p.75).

El *entendimiento* es conciencia de la diferencia, diferenciación de lo indistinto: "Yo me distingo de mí mismo, y en ello es inmediatamente para mi el que este distinto no es distinto". (Hegel, F. del E. p.103).

El hombre se opone al mundo: conciencia del exterior. (Kojeve, La dialéctica del amo y del esclavo, p.43).

A U T O C O N C I E N C I A:

Solamente arriesgando la vida se mantiene la libertad. (Hegel, F. del E. p.116).

Es conciencia que se reconoce, va de su independencia a la libertad, sólo esto le preocupa para salvarse y mantenerse para sí misma a costa del mundo o de su propia realidad, ya que ambos se le manifiestan como lo negativo de su esencia. (Hegel, F. del E. p.143).

Ahora tiene la certeza de sí misma como de la realidad, al captarse así, es como si el mundo deviniese por vez primera; antes no lo comprendía. (Hegel, F. del E. p.143).

En la autoconciencia se desglosan la independencia y sujeción de la autoconciencia: señorío y servidumbre; la libertad de la conciencia; el estoicismo; el escepticismo; y la conciencia desventurada.

R A Z Ó N:

Como razón, segura ya de sí misma, se pone en paz con el mundo y con su propia realidad y puede soportarlos, pues ahora tiene la certeza de sí misma como de la realidad o la certeza de que toda realidad no es otra cosa que ella. Al captarse así, es como si el mundo deviniese por primera vez; antes no lo comprendía; lo apetecía y lo elaboraba, se replegaba de él sobre sí misma, lo cancelaba para sí y se cancelaba a sí misma como conciencia. (Hegel, F. del E. p.143).

Descubre la conciencia del mundo como su nuevo mundo *real,* que ahora le interesa en su permanencia, como antes le interesaba solamente en su desaparición. La conciencia tiene la certeza de experimentarse solamente en él. (Hegel, F. del E. p.144).

Como razón *observante* es en sí o conciencia; como razón *activa* es para sí o autoconciencia; y como razón *operante* es individualidad real en sí y para sí.

Anteriormente, solo le había *acaecido* percibir y experimentar algo en la cosa, pero, al llegar aquí, ella misma dispone las observaciones y la experiencia. (Hegel, F. del E. p.148).

La razón tiene ahora un interés universal en el mundo porque es la certeza de tener su presencia en él, o de que la presencia sea racional. (Hegel, F. del E. p.149).

Como realización de la autoconciencia racional por sí misma encontramos el placer, la ley del corazón y la virtud.

Como individualidad que es para sí real en y para sí misma. Entoncontramos: el reino animal del espíritu y el engaño; la razón legisladora; y la razón que examina leyes.

E S P I R I T U:

Es esencia real y absoluta que se sostiene a sí misma. (Hegel, F. del E. p.260).

Es *conciencia* en general que abarca en sí la certeza en el análisis de sí mismo, retiene el momento según el cual es él mismo *realidad objetiva que es* y hace abstracción del hecho de que esta realidad es su propio ser para sí. (Hegel, F. del

E. p.260).

Como *conciencia* su ser en sí, abarca la certeza sensible, la percepción y el entendimiento; como *autoconciencia* su ser para sí es su objeto; como *razón* su ser es en sí y para sí, es unión de la conciencia y la autoconciencia, es la conciencia que tiene razón. (Hegel, F. del E. p.260).

El espíritu en su totalidad es en el tiempo. (Hegel, F. del E. p.397).

"El espíritu es la vida ética de un pueblo, en tanto que es la verdad inmediata". (Hegel, F. del E. p.261).

El espíritu tiene que progresar, tiene que superar la bella vida ética y alcanzar, a través de una serie de figuras, el saber de sí mismo. Pero estas figuras se diferencian de las anteriores por el hecho de que son los espíritus reales, auténticas realidades, y en vez de ser solamente figuras de la conciencia, son figuras de un mundo. (Hegel, F. del E. p.261).

El *mundo ético viviente* es el espíritu en su verdad, de ahora en adelante desdoblado en sí mismo inscribe uno de sus mundos, *el reino de la cultura,* y frente a él, *el mundo de la fe,* el *reino de la esencia.* Pero ambos mundos son trastocados y revolucionados por la *intelección* y su difusión, por la ilustración. Y como conciencia es el espíritu cierto de sí mismo. (Hegel, F. del E. p.261).

El mundo ético, el mundo desgarrado en el más acá y el más allá, y la visión moral del mundo, son los espíritus que veremos desarrollarse y como meta y resultado de los cuales emergerá la autoconciencia real del espíritu absoluto. (Hegel, F. del E. p.261).

En el capítulo del *espíritu* encontramos:

A.- EL ESPIRITU VERDADERO, LA ETICIDAD:

1).- El mundo ético, la ley humana y la ley divina, el hombre y la mujer.

2).- La acción ética, el saber humano y el divino, la culpa y el destino.

3).- El estado de derecho.

B).- EL ESPIRITU EXTRAÑDO DE SI MISMO, LA CULTURA.

. El mundo del espíritu extrañado de sí.

. La cultura y el reino de la realidad.

. La fe y la pura intelección.

2).- La ilustración:

. La lucha de la ilustración contra la superstición.

. La verdad de la ilustración.

. La libertad absoluta y el terror.

C.- EL ESPIRITU CIERTO DE SI MISMO, LA MORALIDAD:

. La concepción moral del mundo.

. La deformación.

. La buena conciencia, el alma bella, el mal y su perdón.

R E L I G I O N:

Como conciencia es la conciencia de la esencia absoluta. (Hegel, F. del E. p.395)

En cuanto es entendimiento, deviene de lo suprasensible o del interior del ser allí

objetivo. (Hegel, F. del E. p.395).

En el mundo ético la religión, es espíritu desaparecido, es la creencia en el cielo,

es el reino de la fe, es hundimiento en su destino, vemos la religión de la ilustración. (Hegel, F. del E. p.395-396).

La religión presupone todo el curso de los momentos, conciencia, autoconciencia, razón y espíritu, y es la simple totalidad o el simple absoluto de sí mismo de ellos. (Hegel, F. del E. p.397).

Su discurrir no puede representarse en el tiempo. (Hegel, F. del E. p.397).

La religión es el acabamiento del espíritu, en el que los momentos singulares del mismo, conciencia, autoconciencia, razón y espíritu, *retornan* y han *retornado* como su *fundamento*, constituyen en conjunto la *realidad* que es *allí* de todo el espíritu, el cual sólo *es* como el movimiento que diferencia y que retorna a sí de estos sus lados. (Hegel, F. del E. p.398).

La primera realidad del espíritu es el concepto de la religión en la que encontramos la *religión inmediata* o natural; la segunda es la de saberse en la figura de la *naturalidad superada* o religión *artística*; la tercera supera el carácter de unilateralidad de las dos primeras, es en la forma de la unidad de ambas; tiene la figura del ser en y para sí; ésta es la *religión revelada*. (Hegel, F. del E. p.400-401).

Para que halla religión es necesario que el hombre se trascienda. La religión es la perfección del espíritu: conciencia, autoconciencia, razón, espíritu. (Hegel, F. del E. p.398).

SABER ABSOLUTO:

El contenido del representar es el espíritu absoluto; su verdad debe haberse mostrado ya en las configuraciones de la conciencia. Es la enajenación de la autoconciencia, o su superarse de sí mismo. Esto es el movimiento de la *conciencia* y esto es, en ello, la totalidad de sus momentos. La conciencia tiene que comportarse también hacia el objeto en cuanto a la totalidad de sus determinaciones y haberlo captado con arreglo a cada una de ellas. Esta totalidad de sus determinaciones hace de *él, en sí,* una esencia espiritual, y para la conciencia llega a ser esto, en verdad, mediante la aprehensión de cada una de sus determinaciones singulares por separado como del sí mismo. (Hegel, F. del E. p.461).

Es el espíritu que se sabe en la figura de espíritu o el *saber conceptual.* La *verdad* no sólo es *en sí* completamente igual a la *certeza,* sino que tiene también la *figura* de la certeza en sí misma, o es en su ser allí, es decir, para el espíritu que la sabe, en la *forma* del saber de sí *mismo.* La verdad es el *contenido,* que en la religión es

todavía desigual a su certeza. El espíritu que se *manifiesta* en este elemento a la o,
lo que aquí es lo mismo, que es aquí producido por ella, *es la ciencia.* (Hegel, F.
del E. p.467).

La ciencia contiene en ella misma esta necesidad de enajenar de sí la forma del
puro concepto y el tránsito del concepto a la *conciencia.* Pues el espíritu que se
sabe a sí mismo, precisamente porque capta su concepto, es la inmediata igualdad
consigo mismo, que en su diferencia es la *certeza de lo inmediato* o la *conciencia
sensible,* -el comienzo de que arrancábamos; este despojarse de la forma de su sí
mismo es la más alta libertad y seguridad de su saber de sí. (Hegel, F. del E. p.472).

Sin embargo, esta enajenación es todavía imperfecta; expresa la *relación* entre la
certeza de sí mismo y objeto, que no ha alcanzado su plena libertad, precisamente
por el hecho de mantenerse en esa relación. El saber no se conoce solamente a sí
sino que conoce también lo negativo de sí mismo o su límite. Saber su límite quiere
decir saber sacrificarse. Este sacrificio es la enajenación en la que el espíritu
presenta su devenir hacia el espíritu, bajo la forma del *libre acaecer contingente,*
intuyendo su *si mismo* puro como el *tiempo* fuera de él y, asimismo, su *ser* como
espacio. Este último devenir del espíritu, la *naturaleza,* es su devenir vivo e
inmediato; la naturaleza, el espíritu enajenado, no es su ser allí otra cosa que esta

eterna enajenación de su *subsistencia* y el movimiento que instaura al *sujeto.* (Hegel, F. del E. p.472).

Pero el otro lado de su devenir, la *Historia,* es el devenir que *sabe*, el devenir que se *mediatiza* a sí mismo. Por cuanto que la perfección del espíritu consiste en *saber* completamente lo que *el es*, su sustancia, este saber es su *ir dentro de sí,* en el que abandona su ser allí y confía su figura al recuerdo, pero su ser allí desaparecido se mantiene en ella; y este su ser allí superado -el anterior, pero renacido desde el saber-, es el nuevo ser allí, un nuevo mundo y una nueva figura del espíritu. En él el espíritu tiene que comenzar de nuevo desde el principio. Pero por una etapa más alta. (Hegel, F. del E. p.472-473).

El *saber absoluto* describe la *totalidad* de lo real: es la *verdad*, total y definitiva. Pero para llegar hace falta "acabar" la historia y tomar conciencia de su desarrollo integral. Esa toma de conciencia es la *fenomenología* que "introduce" así el Hombre en la "Ciencia". Al final una "superación" lleva al punto de partida. El eterno retorno.

CAPITULO I

LAS RAICES

I. LAS RAÍCES

Si recurrimos a la historia antigua vemos como nuestros primeros pueblos no tuvieron escritura, sino que se valían de jeroglíficos, y por medio de estos nos dejaron la historia de sus hechos y sus costumbres públicas y privadas, sus ideas religiosas, sus conocimientos astronómicos, su cronología, sus supersticiones, su organización política, en una palabra, el conjunto de su civilización.

Por las ruinas que se han encontrado y estudiado se sabe que hace unos 2,500 años a. de c. se establecieron los mayas en la península maya, ahora conocida como península de Yucatán. Su religión era el culto a los animales y su organización la teocracia. Al extenderse, construyeron ciudades, levantaron pirámides, templos, palacios, fortalezas, que nos hacen suponer o deducir que tenían grandes conocimientos en arquitectura y en las artes y ciencias de que esta se auxilia.

En sus cultos religiosos tenían por costumbre sacrificar a los cautivos en guerra, les abrían el pecho, les sacaban el corazón y lo ofrecían a sus dioses. También sacrificaban niños cada año para ofrecerlos al dios Chac, al cual pedían les trajera las lluvias.

También por los jeroglíficos se sabe que estos pueblos practicaban la antropofagia, o sea que se comían la carne de los sacrificados.

Al nacer los niños, los ponían entre carrizos para amoldarles la cabeza y practicaban algo semejante al bautismo cristiano donde los niños iban acompañados por hombres y mujeres, y a esta ceremonia la llamaban CAPUTZIHIL es decir: "nacer de nuevo".

También celebraban las bodas con suntuosas fiestas y banquetes. Practicaban la monogamia pero les era permitido el divorcio por lo que se llego a creer que eran polígamos.

Como utensilios de guerra tenían las macanas, las rodelas, los arcos, las flechas y las hondas.

Antes de la llegada de los españoles la península estaba dividida en varios señoríos: Champotón, Can Pech, Tihdo y Acunul.

En el año 1312 los mexicas llagan a una isleta y fundaron la ciudad a la que llaman México por su dios Mexi, y Tenochtitlan por su gobernador Tenoch. Tezcatlipoca era su dios supremo, pero el gran dios civil era Huitzilopoctli, señor de la guerra y de la victoria.

Para el año 1427 la ciudad había progresado notablemente, había aumentado en extensión y en habitantes, se habían organizado bajo leyes sabias, tenían un ejercito disciplinado y valeroso, y la industria y el comercio habían tomado desarrollo. Su rey era Itzcoalt.

Para el año 1510 los pueblos que servían a México eran 72, no eran todavía una nación, pero tampoco una tribu primitiva.

Sobre sus clases sociales podemos decir que se dividían en Sacerdocio que era la clase suprema, después venían la guerrera y la proletaria.

De sus costumbres se nos habla de la danza a la cual usaban como ritual, había poetas que componían cantos y bailes. Cuidaban mucho la honestidad, había mujeres públicas traídas de otros pueblos para ciertos bailes, sus juegos acostumbrados era el de pelota y el del volador que tenía una expresión cronológica. (ahora nos es ilustrado con los voladores de Papantla). Aficionados a los juegos y a las apuestas llegaban a los extremos de jugarse a sí mismo. Había luchas de hombres con hombres y con fieras y se divertían con las carreras, las cacerías y diversos ejercicios gimnásticos y de equilibrio.

En cuanto a habitación debemos distinguir los grandes palacios, las casas de los principales y las del pueblo. Las casas del común eran muy pobres, consistían en jacales de carrizos o paja, o de adobe revolcado con cal, las buenas tenían azoteas planas. El ajuar consistía en petates para dormir y comer, el metate para hacer tortillas y cántaros de barro para guardar el agua.

Los hombres andaban casi desnudos, con el *axtli* y el *éyatl* o *tilmatli*, especie de manto. Las mujeres se cubrían de la cintura hacía abajo con el *cuéyetl*, y si no tenían camisa se tapaban con el *quixquemil* y trenzaban sus cabellos. El pueblo no usaba *cacli* o sandalias, y las prendas de su traje eran de pita de maguey, de fibra de palma y de algodón basto.

La comida era maíz, chile, frijol, calabaza, pescados y ranas, quelites, hiervas y raíces, hojas de nopal, raspaduras de maguey y cabellos de mazorcas. Como festín comían a veces patos o algunas otras aves acuáticas, comían tunas, chayotes, cebollas y algunas frutas. Todos sus guisos los hacían con pimiento *chilli*.

Sus bebidas fermentadas eran octli de maguey, la chicha de maíz y licor de palmas. Hacían también bebidas dulces, como el colonche y el tepache.

El artesano vivía mejor y transmitía sus ventajas a sus hijos. Los guarnecedores de plumas y los tejedores, los carpinteros y los alfareros hacían obras notables. Conocían el uso del torno. Los zapateros hacían sandalias con forros de algodón, los curtidores adobaban las pieles que eran utilizadas para pintar sus jeroglíficos.

Oficios distinguidos eran los de uso plateros y uso lapidarios. Usaban el oro, plata, cobre, estaño, plomo, bronce que moldeaban con crisol, mufla y soplete.

Al pintor se le llamaba *Tlacuilo*, éste hacía los jeroglíficos que traducía y explicaba y eran los pintores muy considerados por los reyes y los señores.

Los que ejercían las profesiones científicas como la escultura, la arquitectura y la medicina, vivían en un nivel mucho más alto que el pueblo. los médicos practicaban la cirugía, usaban por anestesia la mandrágora y había mujeres médicas aunque a veces se les consideraba sólo como parteras.

Los mercaderes, los guerreros distinguidos y los dignatarios del imperio llevaban vida suntuosa. Los hombres usaban mantas de algodón con orlas y dibujos, zamarras de pluma en el invierno, maxtli muy lujosos y sandalias finas. Las mujeres usaban camisas de algodón con franjas y bellas labores, y enaguas muy finas desde la cintura hasta los tobillos.

Los señores se alimentaban con variedades de viandas, salsas, tortas, pasteles, verduras, pescados y carne. Alfombraban sus habitaciones con vistosas esteras, tenían icpalli o sillón cubiertos de hermosas telas, todas de vivos colores y tapizadas con ricas mantas.

Las grandes casas estaban alumbradas toda la noche con rajas de ocote, teas de copal y se han encontrado candeleros. No tenían puertas sino cortinas con cascabeles.

Fumaban el tabaco metiéndolo en una caña o lo tomaban en polvo por la nariz.

En 1506 siendo emperador Moctezuma del gran imperio Mexica, recibe noticias vagas de hombres extraños que habían aparecido por el mar y que venían de oriente. Para 1511 ya tenían noticias ciertas del arribo de los españoles. Diego Velázquez que había ocupado Cuba, en 1517 arriba a la península maya en marzo 5, pero siendo atacados por naturales regresan a Cuba.

Por otro lado Cortés llega a Veracruz y habiendo grupos descontentos por el gobierno despótico de Moctezuma, se le van uniendo estos adversarios en su camino a México. La historia nos cuenta muchos sucesos de la conquista de Cortés y de su encuentro con Moctezuma, entre estos episodios podemos nombrar (nombraremos) únicamente el recorrido que Cortés hace por la ciudad en la cual quiere imponer a su Dios:

> Para fundar la religión cristiana eran precisas dos cosas: la una para arruinar y destruir, la otra para edificar y levantar. Era preciso desterrar y borrar las costumbres de los pueblos, quitarles sus Dioses y romper delante de sus ojos las Estatuas y los Ídolos, arrancarles los errores con que habían nacido, convencer a los más hábiles políticos de la falsedad y del origen y hacerles confesar a todos su ignorancia. Después sobre las ruinas de la Idolatría, edificar, y levantar la religión de JesuChisto.[1]

Pero Moctezuma no se lo permite, hasta que por fin le deja poner en un altar, la cruz y la imagen de una virgen, esto causa molestias contra Moctezuma y vienen varios conflictos en los que se destaca la derrota que sufre Cortés en lo que conocemos como la Noche Triste.

El 13 de agosto de 1521 Cortés vuelve a la lucha y sitia a los Mexicas con Cuauhtémoc al frente, que después de una gran resistencia es hecho preso. Cuauhtémoc expresa: "Malintzin, pues he hecho cuanto podía en defensa de mi

---

[1] *El pecador sin causa,* obra mutilada, aprox. SXVIII.

ciudad y de mi pueblo y vengo por fuerza y preso ante tu persona y poder, toma luego este puñal y mátame con él".

Iniciamos con esta fecha 13 de agosto de 1521 hasta el 27 de septiembre de 1821 los tres siglos de dominación española, las razas se fueron confundiendo y formándose la nacionalidad mexicana.

Haciendo un paréntesis en la historia de México, veamos lo que sucede fuera de él.

Surge en Europa la burguesía industrial como propietaria de los primeros establecimientos fabriles, esta clase social difundió las ideas de los pensadores progresistas de la época, que hablaban de las libertades fundamentales del hombre: la libertad de expresión, la libertad de producir y comerciar, la libertad de cultos, la libertad para el trabajo, la libertad para participar en política, y otras más.

Destacaron en esta lucha los filósofos y políticos liberales que influyeron con sus escritos e ideas en la preparación de las condiciones que hicieron tambalear a los monarcas absolutistas, que sostenían sus privilegios a partir de la vigencia del feudalismo como modo de producción dominante en Europa.

Entre los pensadores mencionados podemos hablar de:

Rene Descartes (1596-1650), francés. Separo la teología de la ciencia.

John Locke (1632-1704) inglés. Proponía el Parlamento como la mejor forma de gobierno. Expuso: "Los hombres son por naturaleza libres e iguales". Establecía al respecto, que el derecho de un hombre termina donde empieza el derecho de los demás. La libertad del ciudadano no debe reducirse por el abuso de las funciones políticas del gobernante.

Issac Newton (1692-1727), inglés. Postuló la ley de la Gravitación Universal. Para ello usó el pensamiento inductivo a fin de explicar los fenómenos naturales.Charles Louis de Secondat, Barón de Montesquieu (1689-1755), francés. Expuso la teoría del reparto del poder, o sea, un equilibrio entre el poder monárquico y la representación popular. Juan Jacobo Rousseau (1712-1778), francés. Sostiene en su obra el contrato social que el pueblo -como una entidad- tiene derecho a ejercer el poder.

Denis Diderot (1723-1790), francés. Dirigió al grupo de intelectuales que crearon la Enciclopedia, en donde expusieron ideas progresistas que influyeron en las revoluciones liberales del siglo XIX.

Adam Smith (1723-1790), inglés. Consideró el trabajo como fuente de riqueza; el comercio, y la demanda, y la no intervención del Estado en asuntos económicos. Fue el defensor de la tolerancia religiosa y en el libro la riqueza de las naciones parte del supuesto de que cada hombre es el mejor dotado para ser juez de sus propias acciones, y en la teoría de los sentimientos morales, expone que los ricos sin proponérselo promueven el interés de la sociedad y proporcionan medios para la multiplicación de la especie.

Francisco María Arouet: Voltaire (1694-1778), francés. Defendió los derechos del hombre, criticó a las instituciones francesas de su tiempo, así como a las costumbres imperantes, el fanatismo religioso y a todas las manifestaciones del absolutismo. Pugnó por la monarquía constitucional.

Aparte de este grupo de científicos e intelectuales, se funda en 1540 la compañía de Jesús, que llegó a ser temida por todos los gobiernos católicos de Europa, ya que propagaban la libertad de pensamiento y de conciencia y es tachada de anticristiana y de precursora del anticristo. El temor y la envidia le concitaron enemigos que le propiciaron el golpe de extinción que fue expedido por Clemente XIV el 21 de julio de 1773.

Volviendo a México.

Durante los 300 años que duró la dominación española 1521-1821, la Corona organizó políticamente a sus colonias de América en virreinatos y capitanías generales. Los virreinatos fueron: Nueva España (México) en 1535. Perú, en 1554. Nueva Granada (Colombia) en 1740. Río de la Plata (Argentina) en 1776. Las capitanías generales fueron: Guatemala, Venezuela, Chile y Cuba.

De 1521 a 1599 podemos hablar de 38 virreyes al frente del gobierno de México o de la Nueva España. A este siglo se le llama el siglo del mestizaje y hubo de transcurrir casi una centuria antes de que fuera posible que asumiera el gobierno de la Colonia un mestizo: Don José Sarmiento Valladares, conde de Moctezuma y Tula, quien gobernó de 1696 a 1701.

Es resaltante en este mismo siglo (XVI) la llegada de los jesuitas que aunque no tenemos fecha precisa de ésta, si se nos dice que su llegada dio poderoso impulso a la instrucción pública. Fundan en 1573 el Colegio de Sta. María de Todos Santos y el Colegio de San Pedro y Pablo, y en 1593 fundan en México los Colegios de San Miguel, San Bernardo y San Gregorio; primeramente enseñan en ellos gramática latina y retórica y más tarde estudios superiores; en ellos becan a jóvenes distinguidos que por falta de recursos no podían dedicarse a los estudios de perfeccionamiento una vez terminada su instrucción profesional.

Y también en este siglo llegó en 1571 Don Pedro Moya de Contreras para establecer en Nueva España el Tribunal de la Santa Inquisición, (que en Perú ya se había establecido en 1569). El edicto de la Santa Inquisición mandaba a todos que jurasen no admitir ni consentir entre sí herejes, sino denunciarlos al Santo Oficio. El primer inquisidor general de España fue Fray Tomás de Torquemada, que murió en 1498. Lo que más horrorizaba de la Inquisición era la cuestión del tormento y el suplicio de la hoguera. El secreto era el alma de la Inquisición. Nada de lo que allí pasaba debía ser revelado por nadie, ya fuese inquisidor, ministro, familiar o reo. Uno de los principales encargos que de los monarcas tenían los inquisidores era la pesquisa de los libros prohibidos. Los comisarios del Santo Oficio visitaban y registraban librerías, imprentas y navíos, y los edictos prevenían que se denunciaran dichos libros, so pena de excomunión mayor a cuantos los tuviesen o leyesen.

Durante el siglo XVII el estado de la colonia presentaba una confusa mezcla de razas y castas. Llamaban razas a los españoles, indios, negros, chinos y filipinos naturales que llegaron; al cruzamiento de estas razas con los mestizos se les llamó castas. Así oímos hablar de castizos, mulatos, moriscos, lobos, chinos, etc., y para fines de el siglo XVII el número de mestizos y de mulatos era ya grande, (mestizo = hijo de español e india, mulato = hijo de español con negra) y en cambio había disminuido mucho la raza indígena.

También en este siglo se descubren minas de oro y plata, crece la agricultura, el comercio. por otro lado los jesuitas se extienden en las fronteras del norte y occidente de Nueva España, los yaquis se resistían a la dominación española, y los jesuitas ganan terreno en Chihuahua y Durango y logran que los indios se reúnan en poblaciones cristianas.

En 1624 son relevantes las dificultades que causaron el famoso "tumulto de México". Debido a que el nuevo virrey Don Diego Carrillo de Mendoza y Pimentel, marqués de Gálvez llamara la atención o advirtiera al arzobispo que regía la iglesia mexicana, Don Juan Pérez de la Serna, lo que contra él se decía. Este último recibió como ultrajes aquellas advertencias y se declaró enemigo del virrey. Comenzó a hacerle una guerra implacable para lo cual buscó aliados y tomo como pretexto la causa seguida contra Don Melchor Pérez de Varaiz, persona a la que el virrey procesó por todas las quejas que de él tenía. Llegó a exigirse prisión o fianza del acusado por lo que éste se acogió al convento de Santo Domingo. Entonces empezó el arzobispo a visitar a Pérez de Varaiz y a preparar con él planes en contra del virrey y de los jueces. Para excitar hasta sus límites el tumulto, el arzobispo mandó tocar repentinamente, y a las ocho de la noche, las campanas en todas las iglesias de la ciudad con lo que causó gran desorden y alboroto, se mandaron cerrar los templos y el 11 de enero de 1624 el arzobispo se hizo conducir en una silla de manos a la Audiencia, para presentar quejas y pedir justicia. Gran multitud acompaño al arzobispo hasta que fue sacado de la ciudad y llevado a Veracruz. Mientras tanto, en México la situación se iba agravando rápidamente y comenzó la insurrección de la ciudad. Se revocó la orden de destierro contra el arzobispo y ante la multitud el virrey tuvo que ceder.

Los amotinados rompieron las puertas del convento de Santo Domingo y sacaron en triunfo a Don Melchor Pérez de Varaiz. Atacaron después el palacio, derribaron las puertas de la cárcel y pusieron en libertad a los presos. El virrey de Gelves se refugió en el convento de San Francisco y mientras tanto la Audiencia comenzó a gobernar la misma noche del tumulto.

El pueblo había comprendido que era fuerte y que con facilidad podía sacudirse el yugo de los virreyes, y esto, además de ser peligroso ejemplo en la colonia, sembraba los gérmenes de la independencia y la libertad en el corazón de los nativos de Nueva España.[2]

Posteriormente son constantes las denuncias de conspiraciones que recibe el virrey y la Inquisición. La sublimación de Portugal alentó en México muchas esperanzas. Gobernando la colonia Don Juan de Palafox, la Inquisición descubrió el hilo de una conspiración dirigida por un irlandés llamado Guillen de Lampart o de Lombardo. El Santo Oficio lo hizo aprehender y le abrió proceso.

Los levantamientos de los indios tarahumaras en 1650, 1662 y en 1667 hacían frecuentes y sangrientas irrupciones. En 1681 estalló un gran tumulto en la ciudad de Antequera (Oaxaca) causado por el cobro de alcabalas, atendiéndose a la tranquilidad de la capital de aquella provincia.

En 1693 se establece el Fuerte de Panzacola, para proteger a la Nueva España de las invasiones de los franceses.

A fines del siglo XVII la pacificación apenas podía tenerse como probable, había aumentado extraordinariamente el número de hombres de casta y se manifestaba

---

[2] Arias Juan de Dios, Riva Palacio Vicente, Chavero Alfredo, Vigil José María, RESUMEN INTEGRAL DE MEXICO A TRAVÉS DE LOS SIGLOS, tomo II, Compañía General de Ediciones, S.A. Méx.1961.

ya el núcleo de la raza mixta o mexicana nueva. Se había operado un cambio radical: los criollos y los mestizos ya eran admitidos en todos los oficios civiles y eclesiásticos.

En 1700 Austria nombra heredero suyo a Felipe de Anjou, nieto de Luis XIV. Es así como el Siglo de las Luces coincide, en España y sus territorios, con una nueva dinastía: la de los Borbones. El factor decisivo en la política exterior europea en la primera mitad del siglo XVIII es la tensión anglo francesa. Los ideales nacionalistas y el espíritu de emancipación penetran en los salones; la Ilustración hace concebir en la sociedad las ideas y anhelos nacionalistas que harán surgir el espíritu revolucionario y, con él, la Revolución Francesa.

El 6 de marzo de 1701 llegaron a México noticias de haber muerto el rey Carlos II el 1 de noviembre de 1700, habiendo nombrado por heredero y sucesor al duque de Anjou, y el conde de Moctezuma hizo pregonar los lutos el 16 de marzo de 1701, fueron los más solemnes que se habían visto en Nueva España. El 4 de abril se juró rey de España y de Indias a Felipe V.

En 1761 levantándose una insurrección en la península de Yucatán, acaudillada por un indio llamado Jacinto, a quien sus compatriotas daban el nombre de Canek. Los sublevados mataron a varios españoles, y desde el principio tomó la rebelión un carácter terrible. Dos veces logro Canek escapar de sus perseguidores, pero finalmente fue hecho prisionero y conducido a Mérida, donde se le dictó sentencia de muerte el 7 de diciembre de 1761.

Mientras tanto la Compañía de Jesús había llegado a ser temida por todos los gobiernos católicos de Europa, y temible para las naciones, pero al mismo tiempo altamente útil para los pueblos y para las sociedades. La libertad del pensamiento y de la conciencia encontró poderosos auxiliares en la Compañía de Jesús. Fundada ésta en 1540, en 1545 ya se decía de ella que era anticristiana y precursora del anticristo. Portugal fue el primero que los arrojó de su seno, en Francia su expulsión se dio en 1764, Madrid decretó su expulsión el 25 de junio de 1767 (por sublevar al pueblo contra la monarquía). Hasta que finalmente Clemente XIV decretó la extinción de la Compañía el 21 de julio de 1773.

La independencia de Estados Unidos y la Revolución Francesa conmovieron a todo el mundo civilizado, España tomó la defensa del partido monárquico, procurando ante todo que las ideas revolucionarias no se comunicaran a las colonias de América, se prohibió la entrada de ellas y de todos los escritos revolucionarios franceses, y la Inquisición de México publicó edictos con grandes penas a los que no denunciasen la existencia de esas obras.

Carlos IV declaró la guerra a los revolucionarios de Francia, y se comunicó orden a los virreyes y gobernadores de América para que se publicase en todos los dominios españoles.

La guerra sangrienta sostenida entre Francia y España por una parte e Inglaterra por otra, presentaba en el fondo el empeño de la familia de los Borbones por imponer su preponderancia política en Europa. El 5 de octubre de 1796 se declaró la guerra entre España e Inglaterra, y en América fue la península de Yucatán la primera en tomar una actitud belicosa.

En 1793 se descubre en Guadalajara una conspiración, acaudillada por el padre Juan Antonio de Montenegro. En 1794 se descubre en la capital la conjura hecha por el contador Juan Guerrero, originario de Andalucía, que viviendo en la miseria, tenía un plan revolucionario calcado del modelo francés. En 1799 en México la "Rebelión de los Machetes" que encabezó Pedro Portilla.

A fines del siglo XVIII el clero había llegado a ser extraordinariamente rico y gozaba de cuantiosas rentas. La educación estaba en manos de los religiosos y los confesores eran los guías que les inculcaban la obediencia al rey y al pontífice romano.

En 1802 señalase la conspiración del indio Mariano, que tenía el proyecto de restablecer la monarquía azteca y sacudir el yugo de la dominación española.

Reyes Heroles citando a Zavala dice que el tiempo anterior a 1808 fue un periodo de silencio, de sueño y de monotonía, pero que este año la ebullición ideológica se precipita.

Mora menciona que en 1808 se manifiestan expresamente las tendencias liberales; se abre la cuestión sobre la independencia y los derechos políticos de los mexicanos. Alamán confirma la fecha 1808, en que se inicia el proceso de renovación y cambio de mentalidad.

José de Iturrigaray, llegó a México en enero de 1803, los españoles lo acusan de malversación y es derribado por estos mismos:

> La época de Iturrigaray marca los primeros pasos de la evolución que convirtió en nación independiente a la colonia de la Nueva España, y el año 1807 debe considerarse como el primero de la nueva era de la Historia de México. Desde entonces la colonia entró en plena revolución, que fue acentuándose hasta presentar el 15 de septiembre de 1810 el aspecto decidido de una guerra de independencia.[3]

---

[3] Ibídem p.

El 23 de junio de 1808 llegan noticias sobre las abdicaciones de los monarcas españoles en favor de Napoleón, y de la sublevación del pueblos español el 2 de mayo. Criollos y españoles estaban de acuerdo en no reconocer como rey de España a José Bonaparte. los criollos vieron la oportunidad de obtener la Independencia, con el pretexto de guardar el reino para Fernando VII.

CAPITULO II

LA CONCIENCIA

II. LA CONCIENCIA

La fenomenología del espíritu es el devenir de la ciencia en general o del saber. El saber en su comienzo, o el estudio inmediato, es lo carente de espíritu, la conciencia sensible. Para convertirse en auténtico saber o engendrar el elemento de la ciencia, que es su mismo concepto puro, tiene que seguir en largo y trabajoso camino. (Hegel, F. del E. p.21).

Esto es lo que nos dice Hegel, digámoslo nosotros con otras palabras: si devenir es llegar a ser, y saber es conocer, entonces, la fenomenología es el llegar a ser de la ciencia en general o del conocer. Y el conocer inmediato sería lo aparente, que carece de espíritu nos dice Hegel, o sea que para llegar al espíritu no hay que quedarse con lo aparente, hay que ir al interior, profundizar. Pero para esto, o para convertirse en auténtico conocer tiene que seguir un largo y trabajoso camino.

Más adelante nos dice Hegel. La ciencia expone en su configuración este movimiento formativo. La meta es la penetración del espíritu en lo que es el saber (conocer). La impaciencia se afana en lo que es imposible: en llegar al fin sin los medios (que no seamos impacientes). De una parte, no hay más remedio que resignarse a la largura de este camino (el de la fenomenología), en el que cada momento es necesario de otra parte, hay que detenerse en cada momento, y cada uno de ellos constituye de por sí una figura total individual y sólo es considerada de un modo absoluto en cuanto que su determinabilidad, se considera como un todo, y puesto que no le era posible adquirir con menos esfuerzo la conciencia (primer momento) de sí mismo, el individuo, por exigencia de la propia cosa, no puede llegar a captar su sustancia por un camino más corto; veamos más de cerca cómo se lleva a cabo esto.(Hegel, F. del E. p.22).

Más adelante Hegel ha de darnos respuesta a esta cuestión diciendo: La ciencia de este camino es la ciencia de la EXPERIENCIA* que hace la conciencia.(Hegel, F. del E. p.26).

La totalidad de la fenomenología incluye la *conciencia, autoconciencia, razón, espíritu, religión y saber absoluto;* Hegel hace una separación de los tres primeros momentos, de los cuales nos dice que la *conciencia, autoconciencia y razón* son abstracciones del espíritu, son el analizarse del

---

* EXPERIENCIA: movimiento en el que lo inmediato, lo no experimentado, es decir, lo abstracto, se extraña, para luego retornar a sí desde este extrañamiento, y es solamente, así como es expuesto en su realidad y en su verdad, en cuanto patrimonio de la conciencia. (pag.26)

   Es el movimiento dialéctico que la conciencia lleva a cabo en sí misma, tanto en su saber como en su objeto, EN CUANTO BROTA ANTE ELLA EL NUEVO OBJETO VERDADERO. (pag.58).

espíritu, el diferenciar sus momentos y el demorarse en momentos singulares.

Cada uno de estos momentos singulares del espíritu contienen tres figuras: el *en sí, para sí,* y *el en sí y para sí.* Se es conciencia al ser *en sí*; se es autoconciencia al ser *para sí*; y se es razón al unir las dos primeras: *el en sí y para sí.*

Dada esta breve introducción, iniciemos el camino de la Fenomenología del Espíritu de Hegel.

Primeramente indicaremos lo que es la *conciencia* para Hegel; en seguida, daremos la narración de los acontecimientos al inicio de la guerra de independencia de México; concluiremos explicando por qué identificamos los momentos de la conciencia con los inicios de esta lucha.

De la etapa de la *conciencia* extraje cuatro formas:
1.- La conciencia se enfrenta al mundo pero no se reconoce en él. (Hegel, F. del E. p.396).

2.- La conciencia sabe algo (primer momento), reflexiona en sí misma (segundo momento); es la figura del en sí de la conciencia. (Hegel, F. del E. p.58-59).

3.- La conciencia experimenta en la *certeza sensible,* (de la certeza sensible se nos dice que es un conocimiento de riqueza infinita; que en la certeza sensible la conciencia es yo puro; que lo universal es lo verdadero de la certeza sensible; y que la certeza sensible es conocimiento infinito verdadero), *en la percepción*, (el percibir es la disolución de la conciencia o la reflexión dentro de sí misma partiendo de lo verdadero) y *en el entendimiento*, (el entendimiento es el conocimiento de la diferencia, diferenciación de lo indistinto. *Yo me distingo de mi mismo, y en ello es inmediatamente para mi el que este distinto no es distinto.* (Hegel, F. del E. p.63-104).

4.- La conciencia se opone al mundo: conciencia del exterior. El individuo singular es el espíritu inacabado:

> Tiene que recorrer las fases de formación del espíritu universal, pero como figuras ya dominadas por el espíritu, como etapas de un camino ya trillado y allanado;...y en las etapas progresivas pedagógicas reconoceremos la historia de la cultura proyectada como en un contorno de sombras.[1]

---

[1] Hegel, *Fenomenología del Espíritu,* Méx. 1994, p.21.

Este individuo comienza el camino con la etapa de la conciencia, veamos la historia:

En el capítulo 1 de su obra, *El Liberalismo Mexicano*, Reyes Heroles marca la transformación y estructuración ideológica. En 1808 la ebullición ideológica se precipita, hay afición a la lectura, se leen los libros prohibidos no obstante las pesquisas de la inquisición, se empezaron a cuestionar los intereses de los ciudadanos, se preguntaban sobre sus deberes y sus límites u obligaciones, y sobre las de sus gobernantes, se cuestionaba también lo social, la libertad y la soberanía, se habla sobre legitimidad. Un nuevo panorama se abría a los esclavos que no conocían, la mayoría no sabía leer, y los que sabían pudieron conocer las obras clásicas y fueron despertando hacia nuevas inquietudes, y aunque lentamente, paulatinamente, disminuía su ignorancia.

En 1809 en Valladolid, Ignacio Allende y Mariano Abasolo celebraron reuniones políticas clandestinas como preludio del movimiento de 1810. Histórica y políticamente, la Ilustración hace concebir en la sociedad las ideas y anhelos nacionalistas que harán surgir el espíritu y, con él, la Revolución Francesa. La Revolución crea, en definitiva, un nuevo sistema político; con gran éxito, pues se propaga a todos los países, y recoge las ideas liberales o democráticas perseguidas desde la eclosión del racionalismo, a través de

Locke y Rousseau, principalmente. (Fernando Serrano).

La lucha armada comprende cuatro etapas, y en este capítulo hemos de tomar la primera: Etapa de Iniciación (1810-1811). En *autoconciencia* veremos el desarrollo de la revolución de independencia y en razón veremos la consumación de la independencia. En esta se plantea inicialmente la separación temporal de España. Destacan el párroco Miguel Hidalgo y Costilla y los militares Ignacio Allende, Juan Aldama y Mariano Abasolo.

Hidalgo que nació en el rancho viejo de san Vicente, situado en la llanura de Pénjamo, Estado de Guanajuato, el 8 de mayo de 1753. Pasa sus primeros años en la hacienda de Corralejo. Se hace cura; y el 15 de septiembre de 1810 da lo que conocemos como el grito de Dolores, inicio de la lucha. Hidalgo parte del Pueblo de Dolores y a medida que el pequeño ejército que lo sigue avanza, sus filas se van llenando de innumerables voluntarios. De las haciendas y ranchos salían hombres a caballo, armados de machetes, lanzas y espadas,

---

[7] Rodríguez Palacios, Mario Alfonso ,MEXICO EN LA HISTORIA, ed. Trillas, 1983, Méx. pag , 30.

muy pocos llevaban carabinas y pistolas. Muchos llevaban consigo a sus mujeres e hijos. Su grito era: ¡VIVA LA INDEPENDENCIA! ¡VIVA LA AMERICA! ¡MUERA EL GOBIERNO! ¡MUERAN LOS GACHUPINES! ¡VIVA LA VIRGEN DE GUADALUPE!

A medida que se extendía la noticia de la proclamación de la independencia, diversos sentimientos se apoderaban de los ánimos: de regocijo en unos, al ver que su ideal comenzaba a hacerse realidad; de temor y sobresalto en otros al presenciar el levantamiento de un pueblo cuya libertad consideraban incompatible con sus intereses.

Que la aspiración de la inmensa mayoría de los mexicanos respondió al llamamiento de Hidalgo, demuéstralo los millares de prosélitos que se alzaban a la voz de su agente. la voz de Hidalgo conmovió a sus compatriotas cuando proclamó la independencia, y corrieron a morir por ella.

Hidalgo parte rumbo a Guanajuato, asalta y toma la Alhóndiga de Granaditas, es donde las familias españolas de la ciudad se habían refugiado con sus riquezas. Por no tener un ejército disciplinado, la acción insurgente se convirtió en un saqueo y matanza de españoles.

El 20 de octubre de 1810 se da el encuentro de José María Morelos con Hidalgo; realizada su entrevista, Morelos, por instrucciones recibidas, se dirige al sur a organizar el movimiento insurgente en esa región.

Del 28 al 30 de octubre, el ejército insurgente llegó al valle de Toluca y en lugar cercano a la ciudad de México, conocido como el Monte de la Cruces, derrota al ejército realista comandado por el brigadier Torcuato Trujillo. Hidalgo decide no intentar la ocupación de la ciudad de México, por el miedo a que se repitiera la indisciplina del saqueo y matanza de la Alhóndiga de Granaditas y por la aproximación de gran parte del ejército realista al mando del recién nombrado por el rey brigadier Félix María Calleja.

Calleja alcanza -el 7 de noviembre- al ejército insurgente en Aculco, donde le impone una severa derrota, comprobando la inexperiencia del ejército y mando insurgente.

Allende, que era militar, se dirige a Guanajuato perseguido por Calleja quien lo derrota y expulsa de la ciudad. Hidalgo se va a Valladolid.

Para el mes de diciembre, Hidalgo se encuentra en Guadalajara e inicia su obra política y administrativa. Establece dos ministerios; el de Gracia y Justicia, encargado a José María Chico, y el de Estado y despacho, al frente del cual estaba el licenciado Ignacio López Rayón. Hidalgo pública el "segundo bando" -primer bando, el 19 de octubre- sobre la abolición de la esclavitud; suprime el pago de tributos, y devuelve a los indios tierras de cultivos que les habían sido arrebatadas por deudas.

El 6 de diciembre de 1810, Hidalgo firma el decreto que abolía la esclavitud (que tuvo vigencia hasta años después de la independencia).

Se publica el primer periódico insurgente para la propaganda de las ideas revolucionarias: El Despertador Americano, a cargo de Francisco Severo Maldonado; periódico y director que pronto negarían los anhelos libertarios que los vieron nacer a la vida pública.

Reunidos los jefes insurgentes en Guadalajara, deciden abandonar la plaza ante la presión realista. El 11 de enero de 1811 se efectúa la última batalla de esta primera etapa, en el puente de Calderón donde los insurgentes sufrieron una infortunada derrota frente al ejército de Calleja.

Hidalgo fue despojado del mando militar. En marzo, la comitiva insurgente -rumbo al norte- es sorprendida y traicionada por Elizondo, en un lugar del actual estado de Coahuila llamado las Norias del Baján. Con el juicio y la ejecución de los primeros caudillos, en la ciudad de Chihuahua, concluye esta primera etapa del movimiento insurgente.

En conclusión y siguiendo el esquema Hegeliano, tenemos:

1.- La conciencia se enfrenta al mundo pero no se reconoce en él: el mundo le es transmitido por medio de las lecturas de los libros que llegan a ella, conoce nuevas cosas, pero no se reconoce en ellas.

2.- Sin embargo, la conciencia sabe algo (primer momento: el *en sí*); reflexiona en sí misma (segundo momento: el *para sí*), se pregunta sobre sus deberes y sus límites u obligaciones, sobre la libertad y la soberanía, etc. Se le abre un nuevo panorama.

3.- La conciencia experimenta en la *certeza sensible,* en la *percepción* y en el *entendimiento*: con la iniciación de la lucha por la independencia comienza la experiencia de la conciencia; los hombres en acción son en esta etapa Hidalgo,

Allende, Aldama y Abasolo principalmente. En cada batalla, por ejemplo la de la Alhóndiga, la conciencia ha de experimentar en la certeza sensible, en la percepción y en el entendimiento.

4.- Que la conciencia se opone al mundo queda manifiesto, lucha contra ese mundo (es conciencia del exterior).

El primer momento singular, el del *en sí* es conciencia; el *para sí* es autoconciencia; y el tercero donde *es en sí y para sí* es razón.

El momento de la razón queda marcado en la obra política y administrativa.

Con la ejecución de los primeros caudillos termina la primera etapa de la fenomenología, la de la conciencia de una nación.

Hegel termina el capítulo de la conciencia diciendo:

> Y se ve que detrás del llamado telón, que debe cubrir el interior, no hay nada que ver, a menos que penetremos *nosotros* mismos tras él,... Pero se muestra, al mismo tiempo, que no era posible pasar directamente hacia allí, sin preocuparse de todas estas circunstancias, ya que este saber... muestra, que el conocimiento de lo que la *conciencia sabe*, en cuanto *se sabe a sí misma,* exige mayores circunstancias, que pasamos a examinar a continuación[8] (en la autoconciencia).

---

[8] Hegel: Op.cit., p. 104.

CAPITULO III

LA AUTOCONCIENCIA

III. LA AUTOCONCIENCIA

La *autoconciencia* es conciencia que se reconoce, va de su independencia a la libertad, sólo esto le preocupa para salvarse y mantenerse para sí misma a costa del mundo o de su propia realidad, ya que ambos se le manifiestan como lo negativo de su esencia. (Hegel, F. del E. p.143).

La lucha de las autoconciencias contrapuestas: el comportamiento de dos autoconciencias se halla determinado de tal modo que se *comprueban* por sí mismas y la una a la otra mediante la lucha a vida o muerte. Y deben entablar esta lucha, pues deben elevar la certeza de sí mismas de *ser para sí* a la verdad en la otra y en ella misma. Solamente arriesgando la vida se mantiene la libertad. (Hegel, F. del E. p.116).

Ahora tiene la certeza de sí misma como de la realidad, al captarse así, es como si el mundo deviniese por vez primera; antes no lo comprendía. (Hegel, F. del E. p.143).

En la autoconciencia se desglosan la independencia y sujeción de la autoconciencia: señorío y servidumbre; la libertad de la conciencia; el estoicismo, el escepticismo; y la conciencia desventurada.

El señor se relaciona al *siervo* de un modo *mediato, a través del ser independiente,* pues a esto precisamente es a lo que se halla sujeto el siervo; ésta es su cadena, de la que no puede abstraerse en la lucha, y por ella se demuestra como dependiente, como algo que tiene su independencia en la coseidad. (Hegel, F. del E. p.117-118).

La formación cultural: la conciencia a través del trabajo llega a sí misma, es decir, la conciencia que trabaja llega, de este modo a la intuición de ser independiente, y de ser *sí misma.* (Hegel, F. del E. p.120).

Al ser libre la autoconciencia llega al pensamiento, *pensar* se llama a no comportarse como un *yo abstracto*, sino como un yo que tiene al mismo tiempo el significado del ser *en sí.* En el pensamiento yo *soy libre,* porque no soy en otro, sino que permanezco sencillamente en mí mismo, mi ser para mí, y mi movimiento en conceptos es un movimiento en mí mismo. En la autoconciencia es esencial retener con firmeza que es conciencia *pensante en general* o que su objeto es la unidad *inmediata* del *ser en sí* y del *ser para sí.* (Hegel, F. del E. p.120-122).

Esta libertad de la autoconciencia, al surgir en la historia del espíritu como su manifestación consciente, recibió el nombre de *estoicismo.* Su principio es que la conciencia es esencia pensante. El estoicismo es la libertad que escapando siempre de la servidumbre, se retrotrae a la *Pura universalidad* del pensamiento; el estoicismo solo podía surgir en una época de temor y servidumbre universales, pero también de cultura universal, en que la formación se había elevado hasta el plano del pensamiento. (Hegel, F. del E. p.122-123).

El escepticismo es la realización de aquello de que el estoicismo era solamente el concepto. En el escepticismo devienen *para la conciencia* la total inesencialidad y falta de independencia de este otro; el pensamiento deviene el pensar completo que destruye el ser del mundo *múltiplemente determinado*, y la negatividad de la autoconciencia libre se convierte en negatividad real. (Hegel, F. del E. p.124-125).

Al estoicismo corresponde el *concepto* de la conciencia *independiente,* que se revela como la relación entre el señorío y la servidumbre, el escepticismo; corresponde a la *realización* de esta conciencia, como la tendencia negativa ante el ser otro, es decir, a la apetencia y al trabajo.(Hegel, F. del E. p.125).

La conciencia desventurada. Subjetivismo piadoso, es la conciencia de sí como de la esencia duplicada (señor y siervo) y solamente contradictoria. (Hegel, F. del E. p.128).

En la conciencia desventurada vemos una personalidad limitada a sí misma y a su pequeña acción y entregada a ella, una personalidad tan desventurada como pobre. La acción sólo como acción de lo singular es acción en general, deviene para ella la representación de la *razón,* de la certeza de la conciencia de ser, en su singularidad, absoluta *en sí* a toda realidad. (Hegel, F. del E. p.138-139).

Esto es el movimiento de la autoconciencia en Hegel. Ahora veámoslo en la independencia de México:

A la segunda etapa de la Independencia de México, antes Nueva España, se le ha denominado "etapa de organización" y es de 1811 a 1815.

La presente etapa está representada por José María Morelos y Pavón y los militares Ignacio López Rayón, los hermanos Nicolás y Miguel Bravo y la familia Galana, encabezados por Hermenegildo y Juan José, Pablo Antonio y Fermín.

En esta etapa se lucha por una patria libre y soberana. Durante el año de 1811, Morelos cumplió con la misión de incorporar numerosos y valiosos elementos a la lucha insurgente, principalmente en el Sur, donde se incorporan los Galana, en Tecpan; los Bravo, en Chilpancingo y Vicente Guerrero, en Tixtla. Tratan de formar primero un eje Orizaba-Acapulco y posteriormente en triángulo Orizaba-Acapulco-Valladolid, que le permitirá mayor movilidad a un ejército pequeño, pero bien organizado.

En 1812 el virrey Venegas ordena la movilización general del ejército realista al mando de Calleja en contra de las fuerzas insurgentes.

Morelos se hace fuerte en Cuautla y durante 72 días, de febrero a mayo resiste el acoso realista. Con la ayuda de los Galana, rompió el sitio impuesto por Calleja. Más tarde, en agosto, el Caudillo del Sur ocupa las importantes plazas de Orizaba, Oaxaca y Acapulco, cumpliendo el plan original convenido con Hidalgo.

Al terminar el año 1812, la guerra se presentaba más amenazadora que nunca. El virrey, en medio de enormes dificultades, hacía frente a la revolución por todas partes, pero a todos se imponía la convicción de que el término de la lucha se hallaba muy distante, pues el número de tropas era muy escaso para atender a tan vasta extensión de territorio.

En 1812 la sociedad fue tomando el carácter de un club político donde se leían los discursos de las cortes y los periódicos que venían de la metrópoli. En Yucatán

Don Pablo Moreno introdujo cambios, eliminó la filosofía peripatética y propagó sus ideas basadas en Descartes y Voltaire, la duda metódica y la filosofía luminosa, ética, moral, etc. A éste y a sus discípulos se les comenzó a llamar liberales por pertenecer a la escuela del partido liberal de las cortes. Entre sus discípulos se encontraba a Lorenzo de Zavala.

Mientras tanto en España se seguía resistiendo con admirable constancia a las armas de Napoleón. En 1811, el ejército francés destinado a la conquista de Portugal no pudo forzar las líneas de Torres Vedras, y poco después las tropas peninsulares ganaron la batalla de Albuera. En las provincias del Norte, las guerrillas acosaban sin descanso a los franceses. Mediante largo y terrible asedio, Suchet se apoderó de Tarragona, y el 9 de enero de 1812 de Valencia.

Cuatro años de guerra devastadora, incendios y matanzas, escasez de cosechas, y los campos abandonados, produjeron en la península la penuria y la miseria, que se dejó sentir de un modo espantoso en el invierno de 1811 y en la primavera de 1812. Madrid mismo presentaba un aspecto más horrible que cualquiera otra población, y la mortalidad fue tal allí, que desde septiembre de 1812 se enterraron unos 20,000 cadáveres. Esta heroica resistencia de la metrópoli era el mejor ejemplo para alentar a los que en México defendían la independencia, decididos, como sus padres, a morir por ella.

Volviendo a México, el 14 de septiembre de 1813 Morelos expone el documento conocido como *Sentimientos de la Nación*, en el que se define la independencia del país, la abolición de las castas, la suspensión de fueros y la necesidad de crear organismos políticos y jurídicos independientes. La lucha armada se completaba así con el ideario político.

 El 8 de junio de 1813 es publicada en México la ley que suprimía el Tribunal de la Inquisición, después de reñidísimos debates por la mayoría liberal de la Cortes de Cádiz. Los bienes y rentas de la Inquisición quedaban incorporadas al tesoro nacional.

En Oaxaca ya había suprimido Morelos las denominaciones de razas y castas, y dispuso que se llamasen todos "americanos". En el mismo bando abolió el pago de tributos, pero sujetando a los indios al de la alcabala, reducida al 4 por 100. El 5 de octubre de 1813 decretó la abolición de la esclavitud.

El 6 de noviembre del mismo año, el Congreso decretó el restablecimiento de la Compañía de Jesús, para la enseñanza de la juventud.

El año de 1814 empezó mal para la causa de la libertad nacional, el cura Mariano Matamoros "brazo derecho de Morelos" es derrotado en la batalla de Puruarán. Lucas Alamán llama a esta época la más sangrienta de la revolución de independencia, y, sin embargo, añade que el movimiento insurreccional subsistía en toda su extensión, no obstan te las ventajas logradas por los realistas.

Entre tanto Napoleón, estrechando en el suelo de Francia por los ejércitos aliados, dejó en libertad a Fernando VII y a los infantes. Quiso el rey que le precediese en el regreso a España el general don José de Zayas, quien llegó a Madrid el 23 de marzo y entregó a la Regencia una carta en que Fernando anunciaba su próxima llegada, enterada la Regencia contestó al rey que el decreto de las Cartas de 1 de enero de 1811 disponía que no se reconocería por libre al monarca ni se le prestaría obediencia hasta que no jurase la Constitución. Durante el regreso a Madrid de Fernando VII le fueron rodeando muchos personajes enemigos del régimen constitucional, que le instaban a recobrar la soberanía absoluta.

Los diputados absolutistas pedían a Fernando que destruyese todo lo que habían hecho las Cortes y que restaurase la monarquía absoluta. La mayoría liberal de las Cortes parecía ignorar la trama que se iba urdiendo contra aquéllas y contra la Constitución, como lo prueban las dos cartas que dirigieron al rey el 25 y el 30 de abril, en las que ponderaban su vivo deseo de verle cuanto antes en la capital y ocupando el trono de sus mayores. A ninguna de las cartas contestó Fernando.

El día 4 el rey había firmado en Valencia un decreto por el que se anulaban la Constitución y las leyes expedidas durante su ausencia.

En medio de este desquiciamiento del orden constitucional y precedido por las más tiránicas disposiciones contra los partidarios de la libertad, hizo Fernando VII su entrada en Madrid el 13 de mayo de 1814, entre arcos de triunfo y vivas al rey absoluto lanzados por las turbas. Los diputados liberales más ilustres, así como algunos regentes y ministros, fueron encarcelados, Unos pocos lograron huir al extranjero.

El 13 de junio (1814) llegó a México la noticia de la entrada de Fernando VII en España, y fue festejada con gran solemnidad. Creyó el virrey Calleja que el rey juraría la Constitución, pero el 7 de agosto se supo la verdad de lo acontecido en la metrópoli. Por su parte, los independientes previeron acertadamente que estos sucesos dividirían a los realistas en dos bandos y veían próximo el triunfo de la insurrección.

También en México fue restaurado el antiguo régimen, se restableció el uso de la horca, que había suprimido por las Cortes. Reaparecieron igualmente los castigos y penas de azotes en la picota y en burro. Por último fue restablecido el Tribunal de la Inquisición, con devolución de sus edificios y bienes.

En 1814 se promulgo la Constitución de Apatzingán elaborada por los diputados siguiendo los lineamientos dados por Morelos en los Sentimientos de la Nación y titulada: *Decreto Constitucional para la Libertad de América Mexicana*. Más que un código político fue un conjunto de principios generales que revelan las tendencias democráticas de la revolución de la independencia, pero las circunstancias no permitieron que se pusieran en práctica.

El 5 de noviembre de 1815 Morelos cae en manos del ejército comandado pro el teniente coronel Concha, se le hace juicio militar y, posteriormente lo llevaron en un coche cerrado a las cárceles secretas de la Inquisición y finalmente fue fusilado el 22 de diciembre de ese año, en San Cristóbal Ecatepec, lugar cercano a la ciudad de México.

Con el año de 1815 y la muerte de Morelos terminó la segunda época de la Guerra de Independencia, durante la cual se derramó a torrentes la sangre mexicana.

De la muerte de Morelos a 1820 se le ha señalado como etapa de resistencia. Esta etapa se caracterizó por una guerra de guerrillas, o se a no presentar batallas formales, sino asentar golpes aislados y sorpresivos a los contingentes realistas, con lo cual se mantuvo viva la lucha por la independencia principalmente en el Sur y Centro del país.

Restablecida en los dominios de la monarquía española la Compañía de Jesús por real decreto de 29 de mayo de 1815, Calleja le devolvió el Colegio de San Pedro y San Pablo, que también les fue devuelto con su iglesia, así como el colegio de San Gregorio con el templo de Loreto. En Puebla se les entregó el colegio del Espíritu Santo, y junto con él la iglesia de la Compañía.

En la primavera de 1816 se había concertado el segundo matrimonio de Fernando VII con la princesa María Isabel de Portugal. En los primeros días de diciembre llegó a México la noticia del matrimonio del rey, y el gobierno virreinal se dispuso

a celebrarla con inusitada pompa.

Fray Servando Teresa de Mier convenció en Londres al liberar español Francisco

Javier Mina a luchar por la Independencia de México. Al decidir Mina -

combatiente del régimen absolutista- venir a México, una de las primeras

disposiciones que tomó fue montar una imprenta que llevaba consigo; imprimió el

25 de abril de 1817 una "proclama" en que refería los servicios que la causa de la

libertad había hecho en el antiguo continente, pintaba con enérgicos rasgos el

absolutismo de Fernando VII, señalaba los intereses bastardos que estaban ligados

con la dependencia de gran parte del continente americano al trono español, y

terminaba diciendo a los mexicanos:

> Permitidme participar de vuestras gloriosas tareas; aceptad los servicios que os
> Ofrezco en favor de vuestra sublime empresa y contadme entre vuestros
> compatriotas.[9]

Los triunfos sucesivos de Mina alentaron a los partidarios de la independencia, los

cuales se reunían en los cafés, hablaban de aquellos sucesos y expresaban

abiertamente sus deseos y temores, el gobierno tomo providencias contra algunas

personas distinguidas; mas no por eso cesaba ni disminuía la fermentación. Fray

---

[9] Zacate, Julio, RESUMEN INTEGRAL DE MEXICO A TRAVÉS DE LOS SIGLOS, tomo III, Cía. General
de Ediciones, S.A. Méx.1961. p.359

Servando Teresa de Mier, fue apresado el 17 de junio de 1817, pidió perdón manifestando que se pasaba al ejército real. La Inquisición le formó causa y reclamó, el 13 de agosto entró en las cárceles secretas del tribunal eclesiástico, en las que permaneció hasta fines de mayo de 1820, al ser entregado al virrey por haberse suprimido dicho Tribunal en virtud del triunfo de los constitucionalistas en España. Apodaca lo desterró a la península, pero en la Habana logró huir a los Estados Unidos, de donde volvió a México ya consumada la Independencia.

El 26 de diciembre de 1818 muere la segunda esposa de Fernando VII y en 1819 mueren los reyes padres Carlos IV y María Luisa. Antes de terminar el año celebró el rey sus terceras nupcias, tomando por esposa a doña María Josefa Amalia, princesa alemana de la casa de Sajonia.

El 9 de marzo de 1819 un violento terremoto causó grandes males en el oriente de Nueva España. Y en el mes de septiembre de 1819 se inundó el Valle de México a causa de lluvias copiosas. El virrey Apodaca desplegó intensa actividad para librar a la capital de la inundación. Al terminar el año 1819 la revolución parecía próxima a extinguirse.

En los últimos meses de 1819 los liberales prosiguieron sus trabajos con el mayor ardimiento; pero le faltaba al movimiento un jefe, y las logias masónicas de los regimientos designaron al coronel don Antonio Quiroga. Se fijó el principio del año 1820 para asentar el golpe al absolutismo.

El 21 de febrero, el coronel don Félix Acevedo, apoyado por las tropas y el pueblo, proclamó la Constitución en la Coruña. Secundaron otras poblaciones el movimiento, y en toda Galicia triunfó la revolución. Poco después, el 5 de marzo, reunidos en la plaza del Zaragoza el pueblo, las tropas, el ayuntamiento y el capitán general, marqués de Lazán, proclama la Constitución. Alborotó se Barcelona al saber el suceso, y el 10 de marzo fue destituido el capitán general Castaños, sustituido éste por el general Villacampa que proclama la Constitución. Tarragona, Gerona y Mataró no tardaron en seguir el ejemplo de Barcelona.

El 11 de marzo se jura la Constitución en Pamplona. Mientras esto ocurría en el Norte de España, el 9 de marzo entraba en Cádiz el general Freire. Corrió la voz de que iba a proclamar la Constitución, el pueblo invadió calles y plazas con manifestaciones de alegría. Al día siguiente, 10, se repitieron las manifestaciones cuando de pronto las tropas de la guarnición comenzaron a hacer fuego sobre la confiada multitud y sembraron el espanto y la muerte. La soldadesca se entregó al mayor desenfreno, que se produjo al día siguiente.

El levantamiento de Galicia asustó a Fernando VII, quien el 3 de marzo publicó un decreto en que manifestaba que, oídos los cuerpos consultivos del Estado, pondrían remedio a los males de la administración pública y ofrecía vagamente reunir a la nación por estamentos o cuerpos.

Duraban aún los adversos comentarios que suscitó ese decreto, cuando se supo que el conde de La Bisbal, nombrado general jefe de un Ejército que debía formarse en la Mancha, apenas llegado a Ocaña había proclamado la Constitución y hecho que la jurasen sus oficiales y soldados. La noticia anonadó al rey, quien el 6 de marzo publicó otro decreto por el que ordenaba la celebración de Cortes.

Esta concesión tampoco satisfizo a los liberales. Desde la mañana del día 7 grupos numerosos recorrían calles y plazas. El general Ballesteros hizo saber al rey que no podía contarse con las tropas de la guarnición. El rey, entonces, firmó un decreto en que declaraba haberse decidido a jurar la Constitución proclamada en el año 1812.

En las primeras horas del día 8 se difundió la noticia, y los partidarios de la Constitución recorrieron las calles llevando en la mano el libro constitucional, en medio de estruendosas aclamaciones. Por la noche, la multitud derribó las puertas del edificio de la Inquisición y puso en libertad a los presos. También fueron libertados los detenidos políticos. El día 9 una comisión de seis individuos, en representación de la multitud agolpada ente el palacio, pidió al rey la reposición del ayuntamiento de 1814 y el inmediato juramento de la Constitución por el monarca mismo. Así lo dispuso éste, y enseguida recibió al antiguo ayuntamiento, ante cuya presencia juró la Constitución. Terminado el acto, el rey ordenó al general Ballesteros que también la jurase el ejército.

El primer decreto expedido bajo el nuevo orden de cosas declaró abolido para siempre el Tribunal de la Inquisición. Se restableció la libertad de imprenta y se adoptaron otras medidas de orientación liberal. Privado el rey del poder absoluto, no podía nombrar ministros sino a quienes la Junta le propusiere para cada cargo.

Con estos actos, la revolución parecía haber terminado, pero en realidad apenas empezaba a vivir, amenazada por constantes peligros y rodeada de enemigos. El primero y más temible era el propio rey, quien alentaba todas las conspiraciones que se fraguaban contra la nueva situación. Al rey se unieron la nobleza y el clero.

Llegaron a México las noticias en marzo de 1820, el 25 de mayo se jura la constitución en Veracruz, ya antes se había jurado en Campeche y en Mérida. El Virrey conoció los sucesos de Veracruz el 30 de mayo y acordó que a la mañana siguiente se jurase la Constitución.

El mismo día 31 de mayo cesó en sus funciones el Tribunal de la Inquisición. En los días subsecuentes juran la Constitución las autoridades civiles, militares, eclesiásticas, etc. La Constitución ofrecía al pueblo la libertad política, la libertad de pensamiento y expresión, la seguridad individual y la garantía de la propiedad de los bienes.

La Compañía de Jesús, fue suprimida de nuevo por decreto de las cortes de 17 de agosto de 1820. Decretos posteriores abolieron el fuero eclesiástico, suprimieron las órdenes monacales con excepción de ocho monasterios que se dejaban subsistentes, quedaba sólo un convento para cada orden en cada población. Los diezmos se redujeron a la mitad, y se vendieron todos los bienes raíces, rústicos y urbanos, del clero y de las fábricas de las iglesias.

Esas medidas produjeron gran descontento en el clero, que no tardó en comenzar sus trabajos contra el orden constitucional entre las masas fanáticas, y en breve las

Cortes fueron consideradas por el domino del vulgo como una reunión de impíos que aspiraban a destruir la religión y a aniquilar el culto católico, comenzando por la persecución de sus ministros. El episcopado mexicano hizo al régimen constitucional guerra sorda y constante. El arzobispo Fonte en la capital, Bergonsa en Oaxaca y Cabañas en Guadalajara se habían mostrado siempre enemigos extremados de la Independencia y de la Constitución.

> Según Alamán, la revolución de independencia comenzó por un engaño; .movido por la alta jerarquía del clero en odio a la Constitución española, de suerte que la independencia vino a hacerse por los mismos que hasta entonces habían estado impidiéndola.[10]

A medida que el régimen constitucional se restablecía, se efectuaba una alianza tácita entre los que acariciaban el ideal de la independencia, y a éstos se unían los que sólo aspiraban al goce de la libertad constitucional, sin desear la separación entre la colonia y la metrópoli; y enfrente de este gran partido se alzaba el formado por el alto clero, los altos funcionarios y casi todos los españoles ricos.

El alto clero, los frailes fanáticos, los altos empleados y cuantos medraban a la sombra del absolutismo, fueron los primeros en conspirar contra el nuevo orden de cosas. Para realizar sus propósitos, necesitaban un jefe militar de prestigio en el ejército que mereciese la confianza de los absolutistas. Creyeron encontrarlo en

---

[10] Ibídem. p.432

Iturbide. Antes de que se promulgase la Constitución, Iturbide se entrevistó con Apodaca, quien le expuso la opresión que estaba sufriendo Fernando VII. Iturbide ofreció sus servicios, pero con la intención de obtener un mando y poder dar el primer impulso a un movimiento que podría dirigir después según sus intentos. Su sagacidad le hacía comprender que debía seguir unido a los absolutistas hasta obtener el mando militar que ambicionaba.

El 9 de noviembre de 1820, Apodaca acordó el nombramiento de Iturbide para la comandancia general del Sur y rumbo de Acapulco, y le recomendó verbalmente que procurase atraer a Guerrero y Ascencio al indulto y evitara, en cuanto fuera posible, la efusión de sangre. El mismo día contestó Iturbide que aceptaba el cargo, pero a condición de que, una vez terminada la campaña contra aquellos insurgentes, se le relevase del mando. El 13 contestó Apodaca manifestándole su conformidad. El 16 de noviembre salió Iturbide de la capital para dirigirse al vasto territorio de su mando.

El 2 de marzo de 1821, Guerrero derrotó a los realistas en Zapotepec. Iturbide se decide a atraerse a Guerrero y le dirige una carta en la que le manifiesta que los diputados de Nueva España no omitirían nada de cuanto fuera conducente a la felicidad de la patria. Y añadía:

> Mas si, contra lo que es de esperarse, no se nos hiciese justicia, yo seré el primero en contribuir con mi espada, con mi fortuna y con cuanto pueda a defender nuestro derecho.[11]

El 20 de enero de 1821, Guerrero contesta a Iturbide rechazando el indulto y le manifiesta que Nueva España ya no podía esperar nada de la metrópoli, y que prefería la muerte a la ignominia. Invitó a su vez a Iturbide a proclamar la Independencia, en cuyo caso no desdeñaría ser su subalterno.

La negociación emprendida por Iturbide para ponerse de acuerdo con Guerrero se prosiguió y habiéndose convencido éste de que Iturbide estaba resuelto a proclamar la Independencia, se adhirió sin reserva a su proyecto. La abnegación de Guerrero fue admirable y le honra tanto como su heroísmo durante los largos años que mantuvo, casi solo, el fuego de la insurrección en las montañas del Sur.

Iturbide, para adormecer mejor al virrey, le comunicó el 18 de febrero que el insurgente del Sur acababa de ponerse a sus órdenes. Grande fue la satisfacción de Apodaca al recibir la noticia, y en su respuesta accedía a todas las proposiciones de Iturbide y le aseguraba que recomendaría al rey el señalado servicio que había hecho a su causa.

---

[11] Ibídem. p.429

El 24 de febrero de 1821 publicó Iturbide un "manifiesto" dirigido a los habitantes

de la Nueva España en el que decía que era una necesidad la independencia de

México, y afirmaba que todas las circunstancias le obligaban a proclamar la

independencia de México respecto de España y de cualquier otra nación, y

terminaba declarando que el ejército de las TRES GARANTIAS (Religión,

Independencia, Unión), a cuyo frente se hallaba, había jurado sostenerlas en el

nuevo imperio que aparecía entre las demás naciones. Concluía con estas palabras:

> ¡Viva la religión santa que profesamos! ¡Viva la América Septentrional,
> independiente de todas las naciones del globo! ¡Viva la unión que hizo nuestra
> felicidad![12]

El 2 de marzo jura Iturbide a Dios y promete bajo la cruz de su espada observar la

religión católica, apostólica y romana; jura también hacer la independencia del

imperio (pues desde entonces habría de llamarse Imperio de México) guardando

la paz y la unión de europeos y americanos; y finalmente jura obediencia a don

Fernando VII si éste adopta y jura la Constitución.

En cuanto al plan de iguala:

> El régimen monárquico no chocaba con las ideas dominantes en Nueva España; pero
> exigir al rey, y a los príncipes españoles el juramento de la constitución, era tanto
> como excluirlos del trono de México, Por otra parte, el Congreso, como
> representante de la voluntad nacional, podía llamar al trono a la persona que creyese
> más digna de ocuparlo, aunque no fuese miembro de familia reinante. Con la
> promesa de mantener en sus empleos políticos, eclesiásticos, civiles y militares a
> todos los que secundasen el Plan, se formaba un partido personal; y al tener en sus

---

[12] Ibídem. p.432

manos el mando supremo del ejército Iturbide disponía del elemento más poderoso para convertir en su provecho la revolución que acababa de proclamar.[13]

De esto se dio cuenta Apodaca y el día 27 de febrero de 1821 escribió a Iturbide invitándole a desechar su proyecto y a ponerse fielmente a las órdenes del rey. Apodaca exhortó a los mexicanos a no leer los planes y papeles emanados de Iturbide.

Los absolutistas al saber que Iturbide proclamaba juntamente con la Independencia de México, el establecimiento de un régimen constitucional. Se unieron al gobierno para reprimir al nuevo y poderoso enemigo.

El 14 de marzo declaró Apodaca a Iturbide fuera de la ley, perdiendo sus derechos de ciudadano español y toda comunicación con él era un delito y se castigaría conforme a las leyes.

Pero el Plan de Iguala apenas difundido, fue acogido con inmenso entusiasmo y se le consideró como el precursor de la paz y de la Independencia de México.

---

[13] Ibídem. p.439

Guerrero e Iturbide siguieron en contacto defendiendo el plan, y la libertad de imprenta contribuía poderosamente a difundir las noticias favorables a la revolución. Muchas noticias aparecieron diariamente en la capital comentando los movimientos del ejército apasionadamente y burlándose de las disposiciones del gobierno.

Rápidos progresos de la revolución en el resto de la provincia de Veracruz: Santa Ana da a reconocer a don Guadalupe Victoria como jefe superior de la provincia.

Iturbide entró en Valladolid y se avivó en sus habitantes el deseo de proclamar el Plan de Iguala. Se señaló el día 16 de junio para la proclamación de la Independencia, pero la impaciencia de los oficiales y los soldados anticipó el acontecimiento, y el 13 de junio de 1828, Negrete y su división proclamaron el Plan de Iguala; la noticia se difundió por Guadalajara y se fueron adhiriendo otros a esta manifestación.

Finalmente llegó a México el que habría de ser el último virrey de la Nueva España: Don Juan O`Donojú, quien buscó entendimiento con Iturbide; su entrevista se llevó a cabo el 24 de agosto y firmaron el Tratado de Córdoba.

El 16 de septiembre O´Donojú desde Tacubaya, donde se había reunido con Iturbide, dirigió a los mexicanos una proclama en la que les anunciaba la terminación de la guerra. En la misma fecha también Iturbide publicó una proclama en que invitaba a todos a reunirse bajo las banderas de la libertad para que participasen de los beneficios de la victoria.

El 27 de septiembre de 1821 entró en México Iturbide, al frente de todo su ejército. Iturbide y una numerosa comitiva se dirigieron a la catedral, donde se ofreció un *te-deum*. Antes de terminarse el día, Iturbide dirigió a la nación una proclama para anunciarle el término de su grandiosa empresa.

> Ya estáis en el caso -comenzaba- de saludar a la patria independiente como os anuncié en Iguala...Ya sabéis el modo de ser libres; a vosotros toca señalar el de ser felices... Y si mis trabajos, tan debidos a la patria, los suponéis dignos de recompensa, concededme sólo vuestra sumisión a las leyes, dejad que vuelva al seno de mi amada familia, y de tiempo en tiempo haced una memoria de vuestro amigo ITURBIDE.[14]

CONCLUSIONES:

La *autoconciencia* busca su independencia y su libertad. En ella vemos como se desglosa el *goce,* es decir, la apetencia o el deseo, que en esta lucha queda centrado en una palabra: LIBERTAD.

---

[14] Ibídem. p.483

También vemos cómo se presentan momentos de estoicismo y de escepticismo, presenciamos la conciencia desdichada y sobre todo esa lucha de autoconciencias contrapuestas, que si tratamos de descifrar con las figuras que nos propone Hegel del "señor y del "siervo", nos ayudan a comprender la culminación de esta lucha. El señor y el siervo seden algo de sí mismos, nos dice Hegel, hay una unidad, hay una relación, culmina la guerra.

CAPITULO IV

LA RAZON

IV. LA RAZÓN

Como razón, segura ya de sí misma, se pone en paz con el mundo y con su propia realidad y puede soportarlos, pues ahora tiene la certeza de sí misma como de la realidad o la certeza de toda realidad no es otra cosa que ella; su pensamiento mismo es, de un modo inmediato, la realidad; se comporta, pues, hacia ella misma como idealismo. Para ella, al captarse así, es como si el mundo deviniese por vez primera; antes, no lo comprendía; lo apetecía y lo elaboraba, se replegaba de él sobre sí misma, lo cancelaba para sí y se cancelaba a sí misma como conciencia. Solamente ahora, después de haber perdido el sepulcro de su verdad, después de haber cancelado la cancelación misma de su realidad y cuando ya la singularidad de la conciencia es para ella en sí la esencia absoluta, descubre la conciencia el mundo como su nuevo mundo real, que ahora le interesa en su permanencia, como antes le interesaba solamente en su desaparición; pues su subsistencia se convierte para ella en su propia *verdad* y en su propia *presencia;* la conciencia tiene ahora la certeza de experimentarse solamente en él.(Hegel, F. del E. p.143-144).

Anteriormente, sólo le había *acaecido* percibir y *experimentar* algo en la cosa, pero, al llegar aquí, ella misma dispone las observaciones y la experiencia. (Hegel, F. del E. p.148).

"La razón tiene ahora un *interés* universal en el mundo porque es la certeza de tener su presencia en él o de que la presencia sea racional. (Hegel, F. del E. p.149).

Pero para poder realizarse en este su nuevo mundo, nos explica Hegel, para poder tomar posesión de su propiedad y plantar el signo de su soberanía, la razón debe haberse realizado primeramente ella misma, pudiendo después experimentar su realización. (Hegel, F. del E. p.149).

La razón al igual que la conciencia y la autoconciencia tendrá primero que ser *en sí* o razón operante. Ser *para sí* o razón activa; y ser *en sí y para sí* o razón operante. Es decir, será primeramente conciencia, después autoconciencia y finalmente razón.

Como *razón observante* (conciencia), observa la naturaleza. Es yo que conoce, busca la cosa.

Como *razón activa* o como realización de la autoconciencia racional por sí misma encontramos el placer (goce o apetencia), la ley del corazón (ley universal más goce) y la virtud (autoconciencia universal: al obrar para sí obra para los otros). Es su practicar, se busca a sí misma.

Como *razón operante* o como individualidad que es para sí real en y para sí misma.

Encontramos: el reino animal del espíritu y el engaño; la razón legisladora; y la

razón que examina leyes. Es individualidad, obrar es su objeto. Todos obran para

sí mismos y tratan de elevar su tarea a universal.

> Esto hace que la individualidad no sea ya la frivolidad de la figura anterior, que sólo
> apetecía el placer singular, sino la seriedad de un fin elevado, que busca su placer
> en la presentación de su propia esencia *excelente* y en el logro del *bien de la
> humanidad.*[15]

El modelo de *razón* que hemos tomado de Hegel queda perfectamente ubicado a

la consumación de la Independencia y parafraseando este momento podemos

decir: A la consumación de la Independencia el hombre descubre su nuevo mundo,

su Nación, su México; antes no le pertenecía y no le interesaba, ahora es su verdad

y su presencia, tiene la certeza de experimentarse solamente en él.

Ahora el hombre con conciencia, autoconciencia y razón dispone las

observaciones y la experiencia. Nuestra nación después de 300 años de

dominación se independiza.

Mora se planteó como modernizar una sociedad hispánica tradicional sin norte

americanizarla y sacrificar, con ello, su identidad nacional.

---

[15] Hegel, *Fenomenología del Espíritu,* F.C.E. Méx.1994, *p.218.*

Si bien en esta tesis estamos manejando como etapa la Independencia de México, no podemos omitir que hubo otros hombres que antes de esta consumación recorrieron el camino de la Fenomenología del Espíritu de Hegel, por ejemplo Morelos, alcanzó la razón y en los Sentimientos de la Nación dados a conocer el 14 de septiembre de 1813, deja fundada la vocación originaria de México como Nación Independiente, por lo que ha sido reconocida como la primera formulación filosófico-política de la nación mexicana. Después el Congreso ha de sustentar en ello sus principios para la Constitución de Apatzingán proclamada el 22 de octubre de 1814.

La razón nos dice Hegel en la página 149, tiene ahora un interés universal en el mundo porque es certeza de tener su presencia en él, o de que la presencia sea racional, para poder realizarse en su nuevo mundo la razón debe haberse realizado primeramente ella misma, pudiendo después experimentar su realización.

> Una nación crece en fortaleza en la medida en que crece la fuerza de la mayoría de sus hijos.[16]

Y no era imitando, nos dice Leopoldo Zea en el libro que acabamos de citar, como México iba a transformarse en nación, sino atendiendo a su especial realidad.

---

[16] Zea, Leopoldo, *Del Liberalismo a la Revolución en la Educación Mexicana,* SEP. IFCM. Biblioteca Pedagógica de Perfeccionamiento Profesional No.28, Méx.1963. p. 17.

Y otro hombre que se manifiesta a la consumación de la Independencia con los atributos de la razón es Zavala, él presenta un proyecto de Reforma al Congreso y ha de decirnos:

> En la suerte de toda sociedad, cuatro son las instituciones que influyen y determinan casi exclusivamente el carácter de los habitantes de un pueblo: la religión, la educación, la legislación y la ideas de honor que se le inspiran;...[17]

De Zavala se nos dice en esa misma obra que él quería que los mexicanos conocieran lo que verdaderamente era digno no de ser copiado, sino adaptado a su propio ser, para utilizar lo que se necesitaba y rechazar lo que se había tomado sin conocer; se rebelaba contra la actitud servil de la imitación; quería originalidad.

La historia de mostrarnos que a la consumación de la Independencia no hubo suficientes hombres de razón para dirigir a nuestra nueva Nación:

> ...luego de alcanzar la independencia, fuimos incapaces de darnos gobiernos estables y democráticos, y nos dividimos y desangramos en luchas de fracciones, nos quedamos pobres, y eso nos hizo vulnerables, víctimas de invasiones, ocupaciones y despojos.[18]

Hubo una disputa por la hegemonía sobre las riquezas mexicanas entre Inglaterra y Estados Unidos, como consecuencia se pierde la mitad del territorio mexicano y se apropian de la minería.

> La falta de preparación, la desorganización y la inexperiencia les impedía desarrollarse, quisieron imitar a Europa y después a Estados Unidos.[19]

---

[17] Parcero, María de la Luz, *Lorenzo de Zavala*, Fuente y Origen de la Reforma Liberal en México, Inst. Nacional de Antropología e Historia, Méx.1969. p.212.
[18] Barry B. Levine (copilador), *El Desafío Neoliberal,* Gpo. Editorial NORMA. P.19.
[19] Parcero, María de la Luz, Op. Cit. p.119.

Las contribuciones disminuyeron y los gastos aumentaron, el comercio también

disminuyó y los españoles emigraron con las riquezas mexicanas, las minas no

trabajaban. Los decretos y las leyes fracasaron por la ignorancia, y las potencias

extranjeras quisieron sacar ventaja del desorden del país. Todos hablaban de

república, de derechos, de libertad, pero no los entendían.

Zavala proponía reeducar al mexicano, pero conociéndolo primero, para encontrar

la causa de su infelicidad y contar con ese modo de ser especial para elevarlo.

> Censuró la poca atención de los gobernantes a la educación, expuso el atraso
> educativo del país y aconsejó a los gobernantes un mayor cuidado a la instrucción
> del pueblo...que no puede ser peligrosa sino a los que tienen proyectos de tiranía y
> de opresión...será útil y provechosa si recibe una buena dirección.[20]

En Zavala no sólo se percibe la razón observante o la razón activa sino también la

razón operante; él creó un Colegio en el cual buscó orientar y despertar

conciencias impartiéndoles clases de latín, francés, gramática, derecho civil,

canónico y público, filosofía y economía política. Todo, como dice Hegel, para el

bien de la humanidad.

---

[20] Ibídem. p.190.

CAPITULO V

EL ESPIRITU

V. EL ESPÍRITU

Es esencia real y absoluta que se sostiene a sí misma. Todas las figuras anteriores de la conciencia son abstracciones de este espíritu; son el analizarse del espíritu, el diferenciar sus momentos y el demorarse en momentos singulares, estos momentos eran l conciencia, la autoconciencia y la razón. (Hegel, F. del E. p.260).

El espíritu como *conciencia:* su ser en sí en general abarca la certeza sensible, la percepción y el entendimiento. Como autoconciencia: su ser para sí es su objeto, es realidad objetiva. Como razón: su ser en sí y para sí es unión de la conciencia y la autoconciencia, es la conciencia que tiene razón. (Hegel, F. del E. p.260)

El espíritu en su totalidad es en el tiempo. (Hegel, F. del E. p.397).

El espíritu es la *vida ética* de un *pueblo* en tanto que es la *verdad inmediata*; [*] el individuo que es un mundo. El espíritu tiene que progresar hasta la conciencia de lo que de un modo inmediato, tiene que superar la bella vida ética y alcanzar, a través de una serie de figuras, el saber de sí mismo. Pero estas figuras se diferencian de las anteriores por el hecho de que son los espíritus reales, auténticas

---

[*] El Estado es, realidad inmediata de un pueblo singular y naturalmente determinado. Dice Hegel en el parágrafo 545 p.278 de la "Enciclopedia de la Ciencias Filosóficas".

realidades, y en vez de ser solamente figuras de la conciencia, son figuras del mundo. (Hegel, F. Del E. p.261).

El mundo *ético viviente* es el espíritu en su *verdad*; tan pronto como el espíritu llega al saber abstracto de su esencia, la eticidad o el espíritu en su verdad inmediata, el Estado, la eticidad desciende a la universalidad formal del derecho. El espíritu, de ahora en adelante desdoblado en sí mismo, inscribe en su elemento objetivo como en una dura realidad uno de sus mundos, el *reino de la cultura,* y frente a él, en el elemento del pensamiento, el *mundo de la fe, el reino de la esencia.* Pero ambos mundos, captados conceptualmente por el espíritu que retorna a sí de esta pérdida de sí mismo, son trastocados y revolucionados por la *intelección* y su difusión, por la Ilustración, y el reino separado y extendido del *más acá* y el *más allá* retorna a la autoconciencia, que ahora, en la *moralidad,* se capta como la esencialidad y capta la esencia como sí mismo real, que ya no pone fuera de sí su *mundo* y su *fundamento,* sino que deja que todo se consuma en sí, y como *conciencia* es el espíritu *cierto de sí mismo.* (Hegel, F. Del E. p.261).

El mundo ético, el mundo desgarrado en el más acá y el más allá, y la visión moral del mundo son, por lo tanto, los espíritus cuyo movimiento y cuyo retorno al simple sí mismo que es para sí del espíritu veremos desarrollarse y como meta y resultado de los cuales emergerá la autoconciencia real del espíritu absoluto. (Hegel, F. Del E, p.261).

EL ESPÍRITU VERDADERO, LA ETICIDAD.

Encontramos El Mundo Ético = Pueblo y Familia.

Encontramos también la *ley humana* que es el gobierno y se contrapone a la *ley divina* que es universalidad real. Ambas son esencias universales del mundo ético.

La ley humana se reemplaza, la ley divina no es reemplazable. La ley humana es la ley de la singularidad y encuentra su justificación en *la muerte,* pues el ser para la muerte nos da conciencia.

En el movimiento de las dos leyes vemos cómo la fuerza del gobierno sacude a la comunidad por medio de las guerras para no permitir el arraigamiento de su independencia, entonces, la comunidad refuerza su potencia con la ley divina.

Hegel nos habla de la relación entre el hombre y la mujer como una relación *natural;* la de los padres con los hijos es una relación de *piedad*; y la relación hermano con hermana como de *quietud* y *equilibrio*. El hermano ha de pasar de la ley divina a la ley humana, pero la hermana o la esposa seguirá siendo la guardadora de la ley divina.

Las esencias éticas universales (ley humana, ley divina) tienen como realidad universal al pueblo y a la familia, pero tienen como su sí mismo natural y como su individualidad actuante al hombre y a la mujer. El singular buscando el *placer del goce* lo encuentra en la familia. La *ley del corazón* es la virtud que goza de los frutos de su sacrificio. Finalmente la conciencia de *la cosa misma* se satisface en la sustancia real, tiene en las potencias éticas un contenido verdadero, posee una pauta de examen, no de las leyes, sino de la conducta. (Hegel, F. Del E. p.271).

LA ACCIÓN ÉTICA: su actividad es la autoconciencia, la conciencia ética tiene que decidir en pertenecer ya a la ley humana, ya a la ley divina. El derecho absoluto de la conciencia ética consiste, en que la *acción,* la *figura* de su *realidad* no sea sino aquello que esa conciencia sabe. (Hegel, F. Del E. P. 275).

La autoconciencia se convierte por su acción en *culpa*, sólo es inocente el no obrar. (Hegel, F. Del E. p.276).

En el *Estado de Derecho* encontramos: *la validez de la persona,* es una igualdad en la que todos valen como *cada uno,* como *personas; la contingencia de la persona,* niega el mundo, la realidad no existe ni el Sr. Existe; *la persona abstracta, el señor de mundo,* este señor del mundo es la autoconciencia desenfrenada que se sabe como el Dios real. (Hegel, F. Del E. p.285).

EL ESPÍRITU EXTRAÑADO DE SI MISMO: LA CULTURA.

El obrar y el devenir con que la sustancia deviene real es el extrañamiento de la personalidad, su sustancia es su enajenación misma, y la enajenación es la sustancia. La sustancia es, de este modo, *espíritu, unidad* autoconsciente del sí mismo y de la esencia. La presencia tiene de un modo inmediato su oposición en su *más allá,* que es su pensamiento y su ser pensado, del mismo modo como esto tiene su oposición en el *más acá,* que es su realidad para él extrañada. (Hegel, F. Del E. p.287-288).

El espíritu se forma en un mundo doble, separado y contrapuesto, y el extrañamiento consiste en tener la conciencia en dos mundos distintos, abarcando ambos, pues ambos entran en juego, juntos y entrelazados. (Hegel, F. Del E. p.289).

Aquello mediante lo cual el individuo tiene validez y realidad es la *cultura,* en cuanto tiene cultura, tiene realidad y potencia. El poder del individuo consiste en enajenarse su sí mismo, su cultura y su propia realidad son la realización de la sustancia misma. (Hegel, F. Del E. p.291).

El estado posee dos esencias: el poder y la riqueza; el poder es el resultado de sus acciones; la riqueza es el trabajo y la acción de todos y se disuelve en el goce de todos. (Hegel, F. Del E. p.294).

La conciencia noble es la igualdad y la riqueza, representa lo bueno porque es el goce universal, agradece a su benefactor por que le da goce. La conciencia vil es la desigualdad, para ella el poder del estado es opresión, representa lo malo, odia al que manda y se subleva, ama y desprecia la riqueza, está contra el rico. (Hegel, F. Del E. p.297).

La conciencia noble es el heroísmo del *servicio* -la virtud que sacrifica el ser singular a lo universal y de este modo lleva esto al ser allí, -la *persona* que renuncia a la posesión y al goce de sí misma y actúa y es real para el poder vigente. (Hegel, F. Del E. p.298).

El verdadero sacrificio del *ser para sí* sólo es, aquel en que se entrega, de un modo tan total como en la muerte, sin este extrañamiento, los actos del honor, de la conciencia noble y los consejos de su intelección seguirían siendo lo ambiguo que encubriera todavía aquella celada aparte de la intención particular y la terquedad. (Hegel, F. Del E. p.299).

El extrañamiento acaece solamente en el *lenguaje.* En el mundo de la eticidad *ley y orden;* el lenguaje es la fuerza del hablar; el lenguaje es el *ser allí* del puro sí mismo. El yo que se expresa es *escuchado* y en el hecho de ser *escuchado se borra* de un modo inmediato su *ser allí.* Este desaparecer, es su propio saber de sí, y es su saber de sí como uno que ha pasado a otro sí mismo, que ha sido escuchado y que es universal. (Hegel, F. Del E. p.300).

El espíritu adquiere unidad, como un *término medio,* excluido y distinto de la separada realidad de los lados y gracias a la mediación extrañadora que es la unidad, el espíritu entra en el ser allí como espiritualidad. (Hegel, F. Del E. p.301).

El heroísmo del servicio mudo se convierte en el *heroísmo* del *halago,* el lenguaje del halago eleva el poder a su depurada *universalidad;* los nobles no sólo están dispuestos a servir al poder del Estado, sino que se agrupan en torno al trono como un *ornato y dicen* siempre a quien se sienta en él lo que *es.* (Hegel, F. Del E. p.302).

El lenguaje del desgarramiento es el lenguaje completo y el verdadero espíritu existente de este mundo total de la cultura, es la igualdad del juicio idéntico, en el que una y la misma personalidad es tanto sujeto como predicado. (Hegel, F. Del E. p.306-307).

La conciencia desgarrada en la conciencia de la inversión de las *esencias reales* del poder y de la riqueza, de lo bueno y lo malo, del bien y el mal, de la conciencia noble y la conciencia vil. La conciencia noble es vil y abyecta, lo mismo que la abyección se trueca en la nobleza de la libertad más cultivada de la autoconciencia. (Hegel, F. Del E. p.307).

La conciencia desgarrada sólo es *en sí* la igualdad consigo misma de la pura conciencia para nosotros, pero no para sí misma. (Hegel, F. Del E. p.311).

La *religión* se presenta aquí como la fe del mundo de la cultura; como conciencia desventurada. La religión se manifiesta también en la sustancia ética, como fe en el mundo subterránea; su elemento es la familia. (Hegel, F. Del E. p.312).

Como la fe y la pura intelección pertenecen ambas al elemento de la pura conciencia, son también ambas el retorno desde el mundo real de la cultura. (Hegel, F. Del E. p.314).

Los diversos modos del comportamiento negativo de la conciencia, de una parte el del escepticismo, de otra parte el del idealismo teórico y práctico, son figuras subordinadas con respecto a ésta de la pura *intelección* y su expansión, la Ilustración. (Hegel, F. Del E. p.319).

La pura intelección sabe la fe como lo contrapuesto a ella, a la razón y a la verdad. La falsa intelección es como la *masa general* de la conciencia, víctima del engaño de un *sacerdocio* que pone en práctica su vanidoso y celoso empeño de permanecer en posesión exclusiva de la intelección y sus otros intereses egoístas y despóticos, sobre un pueblo estúpido y confuso. (Hegel, F. Del E. p.319-320).

Cuando la pura *intelección* e *intención* se comportan *negativamente* deviene no verdad y no razón, deviene la mentira de la deshonestidad del fin. (Hegel, F. Del E. p.322).

Hegel nos dice que la Ilustración encuentra insensato el que el individuo creyente se de la conciencia superior de no hallarse encadenado al goce y al placer naturales, absteniéndose realmente de ese goce y ese placer y demostrando con *los hechos* que no finge despreciarlos, sino que *verdaderamente* los desprecia. Y asimismo encuentra insensato el que el individuo se exima de su determinabilidad de ser un singular absoluto. La pura intelección encuentra ambas cosas no conformes al fin e injustas: *no conformes al fin*, para mostrarse libre de placer y de posesión, renunciar al placer y deshacerse de la posesión; por el contrario, pues la intelección declara loco a quien, para comer, eche mano de los medios para comer realmente. Y encuentra también *injusto* abstenerse de comer y el no renunciar a la mantequilla y los huevos por dinero o el no renunciar al dinero por mantequilla y huevos, sino renunciar a ello precisamente para no recibir nada a cambio. (Hegel, F. Del E. p.328).

Los principios positivos de la Ilustración: Extirpación del error, los prejuicios y la superstición. (Hegel, F. Del E. p.329).

La utilidad, como concepto fundamental de la Ilustración:
Todo es útil, todo se abandona a otros, *todo* es para su placer y su delectación, y el hombre tal como ha salido de las manos de Dios, marcha por el mundo como

por un jardín plantado para él. Pero debe también necesariamente haber cosechado los frutos del árbol del conocimiento del bien y del mal; y esto le da una ventaja que lo distingue de todo lo demás, pues, de manera casual, su naturaleza en sí buena se halla constituida *también* de tal modo que el exceso de deleite la daña; o más bien su singularidad tiene *también en ella su más allá,* puede ir más allá de sí misma y destruirse. En contraste con ello la razón es para él un medio útil para limitar convenientemente este ir más allá, o más bien para conservarse a sí mismo en el ir más allá de lo determinado; pues esta es la fuerza de la conciencia. La medida tiene, la determinación de impedir que el placer se vea interrumpido en su multiplicidad y en su duración; es decir la determinación de la medida es lo no medido. Como al hombre todo le es útil, lo es también él, y su destino consiste asimismo en hacerse un miembro de la tropa de utilidad común y universalmente utilizable. En la misma medida en que se cuida de sí, exactamente en la misma medida tiene que consagrarse a los otros, y en la medida en que se consagre a los otros cuida también de sí mismo; una mamo lava a la otra, Donde quiera que se encuentre, ocupa el lugar que le corresponde; utiliza a los otros y es utilizado. (Hegel, F. Del E. p.331).

La *relación* con la esencia absoluta o la religión es, por tanto, de todas las utilidades, la utilidad suprema; pues la *utilidad pura* misma, es este subsistir de todas las cosas, o su *ser para otro*. (Hegel, F. Del E. p.331).

La fe tiene el derecho divino; la Ilustración tiene el derecho humano. La Ilustración afirmará el derecho absoluto y siendo autoconciencia, la fe no puede negarle su derecho pues ésta sólo es conciencia. (Hegel, F. Del. E. p.332).

Acerca de aquella esencia absoluta, la Ilustración entra consigo misma en el conflicto que tenía antes con la fe, y se divide en dos partidos. Uno de ellos se acredita como *vencedor* simplemente por el hecho de que se escinde en dos; pues con ello muestra poseer en él mismo el principio que había combatido, superando de este modo la unilateralidad en que anteriormente se presentaba. El interés que se dividía entre él y el otro cae ahora totalmente en él y olvida al otro partido, ya que encuentra en él mismo la oposición que lo ocupaba. Pero al mismo tiempo, la oposición se ha elevado al elemento superior y victorioso en que se presenta ya como purificada. De tal modo que la discordia nacida en un partido y que parece una desgracia, demuestra más bien su fortuna. (Hegel, F. Del E. p.338).

Una Ilustración llama esencia absoluta a aquel absoluto carente de predicados que es más allá de la conciencia real, en el pensamiento de que se partía, la otra lo llama materia. Si se las diferenciara como *naturaleza* y espíritu o *Dios,* al tejer inconsciente en sí mismo, para ser naturaleza, le faltaría la riqueza de la vida desplegada y al espíritu o a Dios la conciencia que se diferencia en sí misma. Ambas cosas son, como hemos visto, sencillamente el mismo concepto; la diferencia no reside en la cosa, sino pura y simplemente en los distintos puntos de partida en ambas formaciones y en que cada una de las dos se detiene, en el movimiento del pensar, al llegar a su punto propio. Si fuese más allá coincidirían y reconocerían como lo mismo lo que la una considera como una abominación y la otra como una locura. (El pensamiento es coseidad, o la coseidad es pensamiento. Son el mismo concepto. Pensamiento = Dios o espíritu; materia = Naturaleza o coseidad). (Hegel, F. Del E. p.339).Ni una ni otra Ilustración han llegado al concepto de la metafísica cartesiana de que el *ser en sí* y el *pensamiento* son lo mismo, al pensamiento de que el *ser,* el *puro ser,* no es una *realidad concreta,* sino la *pura abstracción,* y, a la inversa, el puro pensamiento no es tampoco otra cosa que ser; el *pensamiento* es *coseidad*, o la *coseidad* es *pensamiento.* (Hegel, F. Del E. p.340).

Sin embargo, cuando las oposiciones llegan a la cúspide del concepto la fase inmediata será aquella en que se vengan a tierra y en la que la Ilustración recoja los frutos de su propio obrar. (Hegel, F. Del E. p.342).

El mundo ideal y el mundo real se conjugan en la pura intelección y lo útil es el objeto que penetra en ambos y ambos mundos son reconciliados y el cielo ha descendido sobre la tierra y se ha transplantado a ella. (Hegel, F. Del E. p.343).

La conciencia ha encontrado en la utilidad su concepto y su nueva figura será la *libertad absoluta*. Al hallarse así el espíritu es la autoconciencia que se capta a sí misma, de tal modo que su certeza de sí misma es la esencia de todas las masas espirituales del mundo real y del mundo suprasensible, el mundo es, para la conciencia, simplemente su voluntad, y ésta es voluntad universal. La voluntad es en sí la conciencia de la personalidad o de cada uno, y como esta verdadera voluntad real debe ser lo que brota como obrar del todo es el obrar inmediata y consciente de *cada un.* (Hegel, F. Del E. p.344).

Despué de superadas las masas espirituales distintas y la vida limitada de los individuos y sus dos mundos, sólo se halla presente, por tanto, en sí mismo el movimiento de la autoconciencia universal, como una acción mutua de ella en al forma de la *universalidad* y de la conciencia *personal*; la voluntad universal entra *en sí misma* y es *voluntad singular,* a la que se enfrenta la ley y la obra universales, Pero esta conciencia *singular* es consciente de sí, no menos inmediatamente, como conciencia universal; ella es consciente de que su objeto es ley dada por ella y obra llevada a cabo por ella; pasando a la actividad y creando objetividad, no hace, por tanto, nada singular, sino solamente leyes y acciones de Estado. (Hegel, F. Del E. p.345).

La libertad absoluta ha acomodado, pues, a sí misma la oposición entre la voluntad universal y la voluntad singular; el espíritu que se ha extrañado, empujado hasta la cúspide de su oposición, en la que son todavía diferentes el puro querer y el que puramente quiere, reduce esa contraposición a una forma transparente y se encuentra él mismo a ella. Como el reino del mundo real pasa al reino de la fe y de la intelección, así también la libertada absoluta pasa de la realidad que se destruye a sí misma a otra región del espíritu autoconsciente, en la que vale en esta irrealidad como lo verdadero, en el pensamiento del cual se reconforta el espíritu, en tanto que *es* y permanece *pensamiento* y sabe como la esencia perfecta y completa este ser encerrado en la autoconciencia. Ha nacido la nueva figura del *espíritu moral.* (Hegel, F. Del E. p.350).

EL ESPÍRITU CIERTO DE SI MISMO. LA MORALIDAD

La conciencia es absolutamente libre porque sabe su libertad, y precisamente este saber de su libertad es su sustancia y su fin y su único contenido. (Hegel, F. Del E. p.352).

Partiendo de esta determinación, se constituye una *concepción moral del mundo,* que consiste en la *relación* entre el ser en y para sí *moral* y el ser en y para sí *natural.* Esta relación tiene por fundamento tanto la total *indiferencia* y la propia *independencia* de la *naturaleza* y de los fines y la actividad *morales* entre sí como, de otra parte, la conciencia de la exclusiva esencialidad del deber y la plena dependencia e inesencialidad de la naturaleza. La concepción moral del mundo contiene el desarrollo de los momentos que se dan en esta relación de premisas tan contradictorias, (Hegel, F. Del E. p.352).

En resumen Hegel nos dice que la concepción moral del mundo consiste en la *relación* entre el ser en y para sí *moral* y el ser en y para sí *natural.* Nacen leyes con arreglo a forma. La acción moral no es otra cosa que la conciencia que se asume y se realiza. La deformación son las contradicciones que se dan en la concepción moral del mundo y que la buena conciencia renuncia a estas contradicciones. Vemos también la realidad del deber; la convicción y el deber de ayudar a otro; y el lengua de la convicción.

Al *alma bella* le falta la fuerza de la enajenación, la fuerza de convertirse en cosa y de soportar el ser. Vive en la angustia de manchar la gloria de su interior con la acción y la existencia; y para conservar la pureza de su corazón, rehúye todo contacto con la realidad y permanece en la obstinada impotencia de renunciar al propio sí mismo llevando hasta el extremo de la última abstracción y de darse sustancialidad y transformar su pensamiento en ser y confiarse a la diferencia absoluta. El objeto hueco que se produce lo llena, pues, ahora, con la conciencia de la vaciedad; su obrar es el anhelar que no hace otra cosa que perderse en su hacerse objeto carente de esencia y que, recayendo en sí mismo más allá de esta pérdida, se encuentra solamente como perdido; en esta pureza transparente de sus momentos, un *alma bella* desventurada, como se le suele llamar, arde consumiéndose en sí misma y se evapora como una nube informe que se disuelve en el aire, (Hegel, F. Del E. p.384).

En el mal y su perdón Hegel trata la pugna entre la escrupulosidad y la hipocresía; el juicio moral en el que el juzgar debe considerarse como un acto positivo del pensamiento; y el perdón y reconciliación, que lleva al reconocimiento mutuo que es el espíritu *absoluto,* (Hegel, F. De. E. p.391).

Como hemos visto, en el capítulo del *espíritu* lo que Hegel nos presenta son los dos mundos: el más allá y el más acá, pero como él mismo lo explica en su introducción del capítulo, pagina 261, estos dos mundos son trastocados y revolucionados por la intelección y su difusión: la Ilustración.

Con una serie de figuras Hegel nos conduce la realización del Espíritu, el cual será o se dará cuando se lleva a cabo el reconocimiento mutuo, la conciliación, la identidad, con esto queda constituido lo que Hegel ha de llamar: el espíritu absoluto.

Yo explico el *espíritu* de Hegel de la siguiente manera:

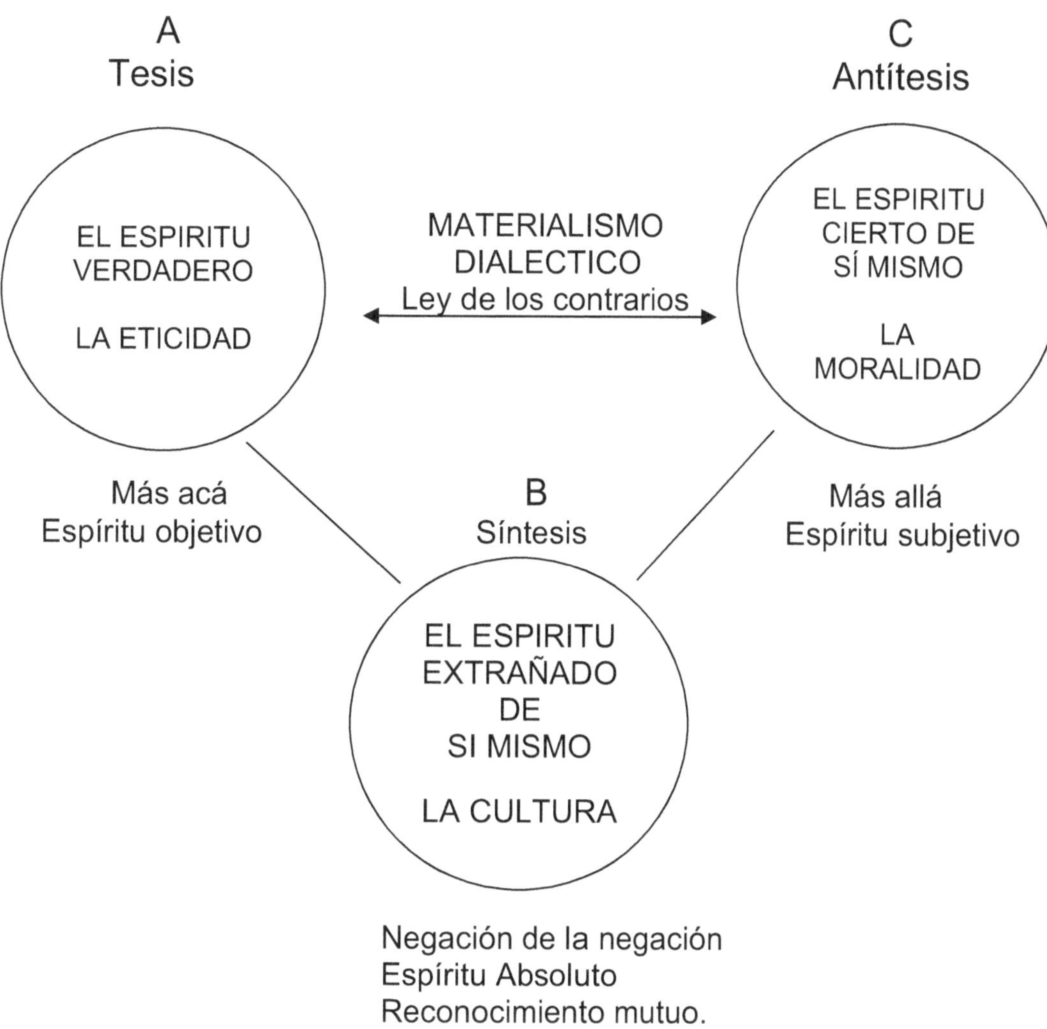

Por ejemplo, el materialismo dialéctico funciona así:

Primera Ley: Unidad y lucha de contrarios.

Segunda Ley: Tránsito de la cantidad a la cualidad y viceversa. El progreso de los seres de inerte a vegetal; de vegetal a animal; y de animal a humano.

Tercera Ley: Explica porque van surgiendo nuevas cosas. Ley de la negación de la negación o tendencia general del desarrollo.

Así tendríamos:

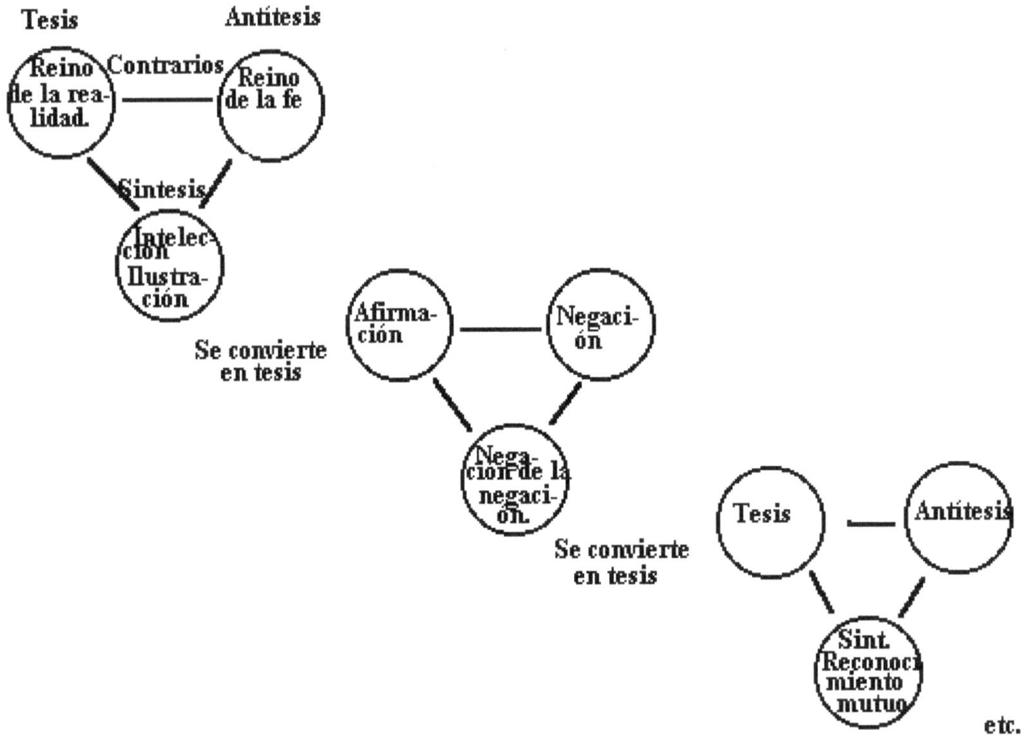

Entonces, el *espíritu absoluto* para estar en constante movimiento gira conforme a la dialéctica Hegeliana.

En este capítulo del *espíritu,* el hombre que anteriormente había estado moviéndose hacia adentro lo hará hacia afuera, es esencia real y absoluta que se sostiene a sí misma, es conciencia en general que abarca la certeza sensible, la percepción y el entendimiento.

Como conciencia es realidad objetiva; como autoconciencia su ser para sí es su objeto; como razón es la conciencia que tiene razón. Busca el saber de sí mismo a través de figuras de un mundo, espíritus reales y no figuras de la conciencia.

El espíritu nos dice Hegel, es la vida ética de un pueblo y la desarrolla en primer término, el individuo ya no actúa sólo como conciencia singular sino que es conciencia general que tiene que ir superándose, y las figuras que encontraremos son figuras de un mundo.

Hegel nos presenta dos reinos que son trastocados y revolucionados por la intelección y su difusión, por la Ilustración. El más allá y el más acá nos dice, son los espíritus que veremos moverse y desarrollarse y de este resultado emergerá la autoconciencia real del espíritu absoluto. Es decir, si en el capítulo anterior teníamos el reconocimiento del hombre de su nuevo mundo, ahora ese mundo habrá de formarse y desarrollarse.

En el *mundo ético* encontramos al pueblo y a la familia; a la ley humana contrapuesta con la ley divina; la relación entre el hombre y la mujer, padres con hijos y hermano con hermana; el Estado de Derecho.

En el *espíritu extrañado de sí mismo, la cultura.* Es donde Hegel nos ha de explicar que el espíritu se forma en un mundo doble, separado y contrapuesto, y el extrañamiento consiste en tener la conciencia en dos mundos distintos, abarcando ambos, pues ambos entran en juego, juntos y entrelazados.

Esto me hace recordar un libro que leí, de Jacques Maritain, *Distinguir para unir o los grados del saber*, en cuya introducción, página 7, dice:

> El título de esta obra indica con suficiente claridad cuál es su intento. La dispersión y la confusión son igualmente contrarias a la naturaleza del espíritu. "Nadie, dice Taulero, se impregna mejor del sentido de la verdadera distinción como quien ha entrado en la unidad" e igualmente nadie conoce verdaderamente la unidad si ignora la distinción. Todo esfuerzo de síntesis metafísica, particularmente si tiene como objeto las complejas riquezas del conocimiento y del espíritu, debe pues distinguir para unir. Por eso la filosofía reflexiva y crítica se orienta ante todo al discernimiento de los grados del saber, de su organización y de su diferenciación interna.

Hegel pone entre los dos mundos a la cultura y nos dice en la página 291: Aquello mediante lo cual el individuo tiene validez y realidad es la *cultura*, en cuanto tiene cultura, tiene realidad y potencia. El poder del individuo consiste en enajenarse su sí mismo, su cultura y su propia realidad son realización de la sustancia misma.

Con la Ilustración y los conceptos que en ella maneja: intelección, lenguaje, utilidad, etc. Y con sus principios: extirpación del error, los prejuicios y la superstición, Hegel nos muestra una diversidad de acontecimientos entre los dos mundos hasta que la Ilustración se divide en dos partidos, la oposición se eleva entonces al elemento superior y victorioso y se presenta como purificada.

En el espíritu el hombre se da cuenta de que su actuar no es solo en lo singular, su obra es universal, no hace nada singular, sino solamente leyes y acciones de Estado.

También vemos la oposición de la Ilustración al celibato y al no ser yo, y a la renuncia de un fin, Hegel indica al hombre cómo conservar su libertad o su distinción, cómo conservarse, cómo medirse.

 Finalmente, el mundo ideal y el mundo real se conjugan en la pura intelección y nos dice: ambos mundos son reconciliados y el cielo ha descendido sobre la tierra y se ha transplantado a ella.

En el *espíritu cierto de sí mismo. La moralidad.* El hombre sabe su libertad y es libre y se nos presenta la relación entre el ser moral y el ser natural. Nacen leyes con arreglo a forma. Nos habla del alma bella y del juicio moral.

Hegel finaliza el capítulo del espíritu con: Perdón y reconciliación, en el cual la palabra reconciliación es el espíritu *que es allí* que intuye el puro saber de sí mismo como esencia *universal* en su contrario, en el puro saber de sí mismo como *singularidad* que es absolutamente en sí misma -un reconocimiento mutuo que es el espíritu *absoluto.* (Hegel, F. Del E. p.391).

Ambos espíritus el singular y el universal, no tienen otro fin que su propio sí mismo, ambas determinabilidades son los conceptos puros que saben. Pero no es todavía *autoconciencia.* Esta realización la alcanza en el movimiento de la oposición.

Cada *yo para sí* se supera en él mismo mediante la contradicción de su universalidad para que, al mismo tiempo, contradice todavía a su igualdad con el otro y se aleja de él. El en sí de la reconciliación, en el que los dos yo hacen dejación de *su ser* contrapuesto es el *ser allí* del *yo* extendido hasta la dualidad, es el Dios que se manifiesta en medio de ellos, que se saben como el puro saber.

(Hegel, F. Del E. p.391-392).

CAPITULO VI

LA RELIGION

VI. LA RELIGIÓN

Como conciencia es la conciencia de la esencia absoluta., (Hegel, F. Del E. p.395).

En cuanto es entendimiento, deviene de lo suprasensible o del interior del ser allí (yo mismo) objetivo. (Hegel, F. del E. p.395).

En el mundo ético la religión es *destino*, es espíritu desaparecido, es la *creencia en el cielo,* es el reino de la fe, es hundimiento en su destino. En la religión de la Ilustración se restaura el más allá suprasensible del entendimiento, pero de tal modo que la autoconciencia se halla satisfecha en el más acá y no sabe ni como sí mismo ni como potencia el más allá suprasensible, el *vacío* más allá, que no es ni cognoscible ni temible. (Hegel, F. del E. p.395-396).

En la religión de la moralidad cristiana se restablece, por fin, el que la esencia absoluta es un contenido positivo; pero este contenido se halla unido con la negatividad de la Ilustración, (Hegel, F. del E. p.396).

El espíritu que se sabe a sí mismo es en la religión, de un modo inmediato, su propia *autoconciencia* pura. Las figuras de ese espíritu que han sido examinadas -

la del espíritu verdadero, la del espíritu extrañado de sí mismo y la del espíritu cierto de sí mismo- (eticidad, cultura y moralidad) lo constituyen todas ellas juntas en su *conciencia*, que, enfrentándose a su mundo, no se reconoce en él. (Hegel, F. del E. p.396).

Por lo tanto, como en la religión la determinación de la conciencia propiamente dicha del espíritu no tiene la forma del libre *ser otro*, su *ser allí* es diferente de su *autoconciencia* y su realidad o existencia propiamente dicha cae fuera de la religión; es evidentemente, un espíritu de ambas, pero su conciencia no abarca a ambas a la vez y la religión se manifiesta como una parte del ser allí y del obrar y el actuar, cuya otra parte es la vida en su mundo real. (Hegel, F. del E. p.396).

Como sabemos que el espíritu en su mundo y el espíritu en la religión son lo mismo, la plenitud de la religión consiste en que ambos se igualen recíprocamente, no sólo en que su realidad sea abarcada por la religión, sino, a la inversa, en que él, como espíritu consciente de sí mismo, devenga *real y objeto de su conciencia*. (Hegel, F. del E. p.397).

Mi figura representativa es ésta:

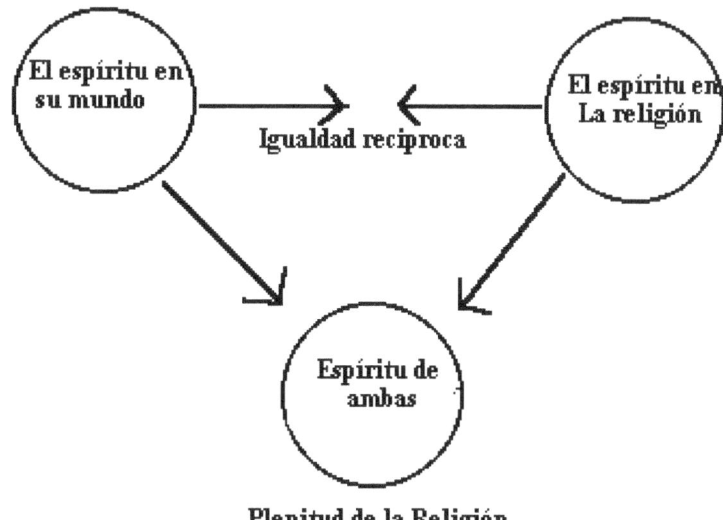

La religión presupone todo el curso de los momentos: conciencia, autoconciencia, razón y espíritu y es la simple totalidad o el absoluto sí mismo de ellos. (Hegel, F. del E. p.397).

Su discurrir no puede representarse en el tiempo. Solamente el espíritu en su totalidad es en el tiempo. (Hegel, F. del E. p.397).

La religión es el acabamiento del espíritu, en el que los momentos singulares del mismo, conciencia, autoconciencia, razón y espíritu, *retornan* y han *retornado* como su *fundamento,* constituyen en su conjunto la *realidad* que es *allí* de todo el espíritu, el cual sólo *es* como el movimiento que diferencia y que torna a sí de estos sus lados. (Hegel, F. del E. p.398).

El espíritu total, el espíritu de la religión es, a su vez, el movimiento que consiste en llegar, partiendo de su inmediatez, al *saber* de lo que él es *en sí* (conócete a ti mismo) o de un modo inmediato y en conseguir que la *figura* en que el espíritu se manifiesta para su conciencia sea completamente igual a su esencia y se intuya tal y como es. (Hegel, F. del. E. p.398).

La primera realidad del espíritu es el concepto de la religión misma o la religión como *religión inmediata* y, por tanto, *natural*; en ella el espíritu se sabe como su objeto en figura natural o inmediata. Pero la *segunda* es necesariamente la de saberse en la figura de la *naturalidad superada* o del *sí mismo*. Es, por tanto, la religión *artística,* porque la figura se eleva aquí a la forma de *sí mismo* gracias a la *producción* de la conciencia, de tal modo que ésta contempla en su objeto su obrar, o el *sí mismo.* Por último, la *tercera* supera el carácter de unilateralidad de las dos primeras; el sí mismo es tanto un *inmediato* como la inmediatez es *sí mismo.* Si en la primera el espíritu es en general en la forma de la conciencia y en la segunda en la de la autoconciencia, en la tercera es en la forma de la unidad de ambas; tiene la figura del *ser en y para sí*; y, al ser así representado como es en sí y para sí, ésta es la *religión revelada.* (Hegel, F. del E. p.401).

Mi figura:

En la RELIGIÓN NATURAL, Hegel nos presenta: la esencia luminosa; la planta y el animal; y el artesano.

En la ESENCIA LUMINOSA, el espíritu, como la *esencia* que es *autoconciencia* sólo es, frente a la realidad que se da en el movimiento de su conciencia, por el momento, su *concepto* es el secreto creador de su nacimiento. Este secreto tiene en sí mismo su revelación, pues el ser allí tiene en este concepto su necesidad, ya que este concepto es el espíritu que se sabe y tiene en su esencia el momento de ser conciencia y de representarse objetivamente. Es el puro yo que en su enajenación tiene en sí como *objeto universal* la certeza de sí mismo, o, este objeto es para el yo la compenetración de todo pensamiento y de toda realidad. (Hegel, F. del E. p.403).

Es, pues, en verdad, el *sí mismo;* y el espíritu pasa, por ello, a saberse en la forma de sí mismo. La luz pura proyecta su simplicidad como una infinitud de formas separadas y se ofrece como víctima al ser para sí, de tal manera que lo singular tome la subsistencia de su sustancia. (Hegel, F. del E. p.404).

En LA PLANTA Y EL ANIMAL, el espíritu autoconsciente que ha entrado en sí partiendo de la esencia carente de figuras o ha elevado su inmediatez al sí mismo en general determina su simplicidad como una multiplicidad del ser para sí y es la religión de la *percepción* espiritual, en la que el espíritu se escinde en la innumerable pluralidad de espíritus más débiles y más fuertes, más ricos y más pobres. Este panteísmo, que es primeramente el quieto subsistir de estos átomos espirituales, se convierte en el movimiento *hostil* en sí mismo. El candor de la *religión de la flores,* que es solamente representación carente de sí mismo, pasa a la seriedad de la vida combatiente, a la culpa de la *religión de los animales,* la quietud y la impotencia de la individualidad intuitiva pasan al ser para sí destructor. (Hegel, F. del E. p.404).

Pero en este odio se agota la determinabilidad del puro ser para sí negativo y por medio de este movimiento del concepto adopta el espíritu otra figura. El *se para sí superado es la forma del objeto* hecha surgir por medio del sí mismo o que más bien es el sí mismo hecho surgir, que se consume, es decir, el sí mismo que deviene cosa. Por tanto, el trabajador, cuyo obrar no es solamente negativo, sino aquietado y positivo, mantiene la superioridad sobre los espíritus animales que no hacen más que desgarrarse entre sí. La conciencia del espíritu es, por tanto, de ahora en adelante, el movimiento que va más allá del ser en sí inmediato como del *ser para sí abstracto*. En cuanto que el en sí es rebajado a una determinabilidad por la oposición, no es ya la forma propia del espíritu absoluto, sino una realidad, la de que su conciencia se encuentra contrapuesta como la existencia común y la que supera, y del mismo modo no es solamente este ser para sí que supera, sino que produce también su representación, el ser para sí exteriorizado en la forma de un objeto. Sin embargo, este producir no es todavía la actividad perfecta, sino una actividad condicionada y la formación de algo ya dado. (Hegel, F. del E. p.405).

En EL ARTESANO, el espíritu se manifiesta, por tanto, aquí como el *artesano* y su obrar, por medio del cual se produce a sí mismo como objeto, pero sin llegar a captar todavía el pensamiento de sí, es un modo de trabajar instintivo, como las abejas construyen sus celdillas. (Hegel, F. del E. p.405).

La separación de que parte el espíritu que trabaja, la separación del *ser en sí* que deviene materia que él trabaja y del *ser para sí* que es el *lado* de la autoconciencia que trabaja ha devenido para esta separación entre el alma y el cuerpo, a dar ropaje y figura a la primera en ella misma y a animar a la segunda. Ambos lados al acercarse el uno al otro, retienen en ello, el uno con respecto al otro, la determinabilidad del espíritu representado y la envoltura que lo reviste; su unidad consigo mismo entraña esta oposición de la singularidad y la universalidad. Por cuanto la obra se acerca a sí misma en sus lados, ocurre con ello, al mismo tiempo, también lo otro, a saber, que se acerca a la autoconciencia que trabaja y ésta al saber de sí en la obra tal como es en y para sí, Pero, de este modo, sólo constituye el lado abstracto de la *actividad* del espíritu, que no sabe todavía su contenido en sí mismo, sino en su obra, que es una cosa. El artesano mismo, el espíritu entero, no se ha manifestado aún, sino que es todavía la esencia interior aún oculta, que, como un todo, sólo se da escindida en al autoconciencia activa y en el objeto hacho surgir por ella. (Hegel, F. del E. p.406).

Por tanto, la morada circundante, la realidad exterior que sólo se eleva a la forma abstracta del entendimiento, es la que el artesano trabaja en forma más animada. (Hegel, F. del E. p.406).

El trabajador hacha mano ante todo de la forma del *ser para sí* en general, de la *figura animal,* que en la vida animal no sea ya de un modo inmediato autoconsciente lo demuestra al constituirse frente a ésta como la fuerza productiva y al saberse en ella como *su* obra; con lo que la convierte, al mismo tiempo, en una fuerza superada y en el jeroglífico de otra significación, de un pensamiento. Por tanto, no es empleada ya ella sola y totalmente por el trabajador, sino mezclada con la figura del pensamiento, con la figura humana. Pero aún le falta a la obra la figura y el ser allí, en la que el sí mismo existe como sí mismo; le falta todavía esto: expresar en ella misma que encierra en sí una significación interior, le falta el lenguaje, el elemento donde se da el sentido mismo que lo llena. Por tanto, la obra, aunque se haya purificado totalmente de lo animal y lleve en ella solamente la figura de la autoconciencia, es aún la figura muda que necesita del rayo del sol naciente para tener tono, el cual, engendrado por la luz, es solamente sonido, pero no lenguaje, muestra solamente un sí mismo exterior, pero no el interior. (Hegel, F. del E. p.406-407).

A este sí mismo exterior de la figura se contrapone la otra figura, que indica tener en ella un *interior*, y este interior es todavía o por el momento, las simples tinieblas, lo inmóvil, la piedra negra e informe que no tiene la forma y la perfección que le corresponde. (Hegel, F. del E. p.407).

Ambas presentaciones contienen la *interioridad* del ser allí, ambas deben unirse.

El artesano unifica ambas cosas en la mezcla de la figura natural y de la figura

autoconsciente, y estas esencias ambiguas y enigmáticas ante sí mismas, lo

consciente pugnando con lo no consciente, lo interior simple con lo multiforme

exterior, la oscuridad del pensamiento emparejándose con la claridad de la

exteriorización, irrumpen en el lenguaje de una sabiduría profunda y de difícil

comprensión. (Hegel, F. del E. p.407).

El espíritu es *artista*.

En **LA RELIGIÓN DEL ARTE,** el espíritu ha elevado su figura, en la que el

espíritu es para su conciencia, a la forma de la conciencia misma y hace surgir ante

sí esta forma. El artesano ha abandonado el trabajo *sintético*, la *mezcla* de las

formas extrañas del pensamiento y de lo natural; habiendo ganado la figura la

forma de la actividad autoconsciente, el artesano se ha convertido en trabajador

espiritual.

Si nos preguntamos cuál es el espíritu real que tiene la religión del arte la

conciencia de su esencialidad absoluta, llegamos al resultado de que es el espíritu ético verdadero. No es solamente la sustancia universal de todo lo singular, sino que es el pueblo libre, en el que la costumbre constituye la sustancia de todos, cuya realidad y existencia saben todos y cada uno de los singulares como su voluntad y su obrar. (Hegel, F. del E. p.408).

Pero la religión del espíritu ético es su elevación por sobre su realidad, pues la *realidad* de la sustancia ética se basa, en parte, en su quieta *inmutabilidad* frente al movimiento absoluto de la autoconsciencia y, por lo tanto, en el hecho de que ésta no ha retornado todavía a sí de su quieta costumbre y de su firme confianza en sí misma; y, en parte, en su organización en una pluralidad de derechos y deberes, así como en la distribución en las masas de los estamentos y de su obrar particular, que coopera al todo; se basa por tanto, en el hecho de que el singular está satisfecho con la limitación de su ser allí y no ha captado todavía el pensamiento ilimitado de su libre *sí* mismo. Pero, aquella quieta confianza *inmediata* en la sustancia pasa a la confianza *en sí* y a la *certeza de sí mismo*, y la pluralidad de los derechos y deberes, como el obrar limitado, es el mismo movimiento dialéctico de lo ético que la pluralidad de las cosas y de su determinación, un movimiento que sólo encuentra su quietud y su firmeza en la simplicidad del espíritu cierto de sí. (Hegel, F. del E. p.408-409).

En una época así se produce el arte absoluto.

La IMAGEN DE LOS DIOSES, estos viejos dioses, en los primeramente se particulariza la esencia luminosa en maridaje con las tinieblas, el Cielo, la Tierra, el Océano, el Sol, el ciego Fuego tifónico de la Tierra, etc. Son sustituidos por figuras que sólo tienen ya en ellas la oscura resonancia que recuerda a aquellos Titanes, y no son ya esencias naturales, sino diáfanos espíritus morales de los pueblos autoconscientes. (Hegel, F. del E. p.411).

EL HIMNO. La obra de arte requiere otro elemento de su existencia, el dios requiere otro modo de expresión, y este elemento superior es el *lenguaje.* (Hegel, F. del. E. p.412).

Este lenguaje se distingue de otro lenguaje del dios que no es el de la autoconciencia universal. El *oráculo,* tanto el del dios de las religiones artísticas como el de las religiones anteriores, es su primer lenguaje necesario. (Hegel, F. del E. p.414).

EL CULTO. Este concepto del culto se halla ya en sí contenido y presente en el fluir del canto de los himnos, es el alma depurada que en esta pureza, sólo es inmediatamente esencia y forma una unidad con la esencia. (Hegel, F. del E. p.415).

En un principio, este culto es solamente una actuación *secreta*, es decir, una actuación solamente representada, irreal; debe ser actuación *real,* ya que una acción se contradice a sí misma.

LA OBRA DE ARTE VIVIENTE:

El pueblo que en el culto de la religión del arte se aproxima a su dios es el pueblo ético que sabe a su Estado y a los actos de éste como la voluntad y el cumplimiento de sí mismo. (Hegel, F. del E. p.418).

Del culto procede, la autoconciencia satisfecha en su esencia, y el dios se instala en ella como en su morada. (Hegel, F. del E. p.419).

Lo místico consiste en que el sí mismo se sabe con la esencia y ésta es, por tanto, revelada. (Hegel, F. del E. p.419).

El elemento perfecto, en el que la interioridad es a un tiempo exterior, como la exterioridad interior, es nuevamente el lenguaje, pero no el lenguaje del oráculo, totalmente contingente y singular en su contenido, ni el del himno, sentimiento y alabanza de un dios singular exclusivamente, ni los balbuceos carentes de contenido del frenesí báquico. Sino que el lenguaje ha adquirido su contenido claro y universal. El bello gimnasta es sin duda el honor de su pueblo particular, pero es una singularidad corpórea en la que han desaparecido el desarrollo y la seriedad corpórea y ha desaparecido el desarrollo y la seriedad de la significación y el carácter interior del espíritu que sostiene la vida particular, las disposiciones, las necesidades y las costumbres de su pueblo. (Hegel, F. del E. p.421).

LA OBRA DE ARTE ESPIRITUAL:

Los espíritus de los pueblos que devienen conscientes de la figura de su esencia en un animal particular se conjugan en unidad; de este modo, los bellos genios nacionales particulares se agrupan en un panteón cuyo elemento y cuya morada es el lenguaje. La intuición pura de sí mismo como *humanidad universal* tiene en la realidad del espíritu del pueblo la forma de que se une en una empresa común con los otros, con los que constituye por medio de la naturaleza una *nación*, y para esta obra forma un solo pueblo y, con ello, un solo cielo. Esta universalidad a la que le espíritu llega en su ser allí no es, sin embargo, más que la primera universalidad que sale de la individualidad de la vida ética; ha sobrepasado aún su inmediatez, no ha formado un Estado, partiendo de estas poblaciones. El carácter ético del espíritu real de un pueblo descansa, de una parte, sobre la confianza inmediata de los singulares hacia la totalidad de su pueblo y, de otra parte, sobre la participación inmediata que todos, a pesar de la diferencia de estamentos, toman en los actos y decisiones del gobierno. (Hegel, F. del E. p.421).

LA EPOPEYA.

SU MUNDO ÉTICO:

No es ya el obrar real del culto sino un obrar que no ha sido elevado todavía al concepto, sino solamente a la *representación,* en la conexión sintética de la existencia autoconsciente y de la existencia exterior. La existencia de esta representación, el *lenguaje* como tal, que encierra el contenido universal, por lo menos como *totalidad* del mundo, aunque no, ciertamente, como *universalidad* del *pensamiento.* (Hegel, F. del E. p.422)

LOS HOMBRES Y LOS DIOSES:

Las potencias universales tienen en ellas la figura de la individualidad y, con ello, el principio del obrar; su realizar se manifiesta, por tanto, como un obrar tan libre y tan derivado de ellas como el de los hombres. Los dioses y los hombres han hecho, pues, uno y lo mismo. (Hegel, F. del E. p.423).

LOS DIOSES ENTRE SI:

Los dioses son los bellos individuos eternos que, descansando sobre su propio ser allí, se hallan sustraídos al pasado y al poder extraño. Pero son, al mismo tiempo, elementos *determinados*, dioses *particulares,* que se comportan también con respecto a los otros. Los dioses son lo universal y lo positivo frente al *sí mismo singular* de los mortales, que no pueden hacer frente a su poder; pero el sí mismo *universal* flota por esto sobre ellos y sobre todo este mundo de la representación al que pertenece el contenido total como el vacío carente de concepto de la necesidad. (Hegel, F. del E. p.424).

LA TRAGEDIA:

Este más elevado lenguaje, la tragedia, compendia, pues, más de cerca la dispersión de los momentos del mundo esencial y actuante; la *sustancia* de lo divino se desdobla, *con arreglo a la naturaleza del concepto*, en sus figuras y su movimiento es también conforme a él. En cuanto a la forma, el lenguaje, al entrar en el contenido deja de ser un contenido representado. Es el mismo héroe quien habla y la representación muestra al auditor, que es al mismo tiempo espectador, hombres *autoconcientes* que *conocen* y saben *decir* su derecho y su fin, la fuerza y la voluntad de su determinación. Son artistas que no expresan lo exterior de sus decisiones y de sus empresas, sino que exteriorizan la íntima esencia, demuestran el derecho de su actuar y afirman serenamente y expresan determinadamente el *pathos* al que pertenecen, libres de circunstancias contingentes y de la particularidad de las personalidades, en su individualidad universal. (Hegel, F. del E. p.425).

LAS INDIVIDUALIDADES DEL CORO, DE LOS HÉROES Y DE LAS POTENCIAS DIVINAS.

El coro es el pueblo común en general cuya sabiduría se expresa en el *coro* de la *vejez;* tiene su representación en esta carencia de vigor, porque él mismo constituye solamente el material positivo y pasivo de la individualidad del gobierno que a él se enfrenta. (Hegel, F. del E. p.426).

Ante esta conciencia espectadora, como terreno indiferente de la representación, el espíritu no aparece en su multiplicidad dispersa, sino en el simple desdoblamiento del concepto. Su sustancia se muestra, pues, desgarrada solamente en sus dos potencias extremas. Estas esencias elementales, *universales* son al mismo tiempo, individualidades, héroes que ponen su conciencia en una sola de estas potencias, que posee en ella la determinabilidad del carácter y constituyen su activación y su realidad. (Hegel, F. del E. p.426).

Por tanto, si la sustancia ética, mediante su concepto y según su contenido, se escindiese en dos potencias que han sido determinadas como derecho *divino* y derecho *humano,* derecho del mundo subterráneo y del mundo de lo alto -aquél la *familia,* éste el *poder del Estado*-, de los cuales el primero era el *carácter femenino* y el segundo el *masculino*, el círculo de los dioses, primeramente multiforme y flotante en sus determinaciones, queda restringido a estas potencias, que, gracias a esta determinación, se acercan a la individualidad propiamente dicha. (Hegel, F. del E. p.427).

EL DOBLE SENTIDO DE LA CONCIENCIA DE LA INDIVIDUALIDAD:

Al mismo tiempo, la esencia se divide atendiendo a su *forma* o al *saber*. El espíritu *actuante* se coloca, como conciencia, frente al objeto sobre el cual actúa y que de este modo es determinado como lo *negativo* del que sabe; quien actúa se encuentra, por tanto, en la oposición del saber y el no-saber. Pues este saber es, en su concepto, de modo inmediato, el no-saber, porque la *conciencia* es en sí misma en el obrar esta oposición, la diferencia entre el saber y el no saber cae en *cada una* de las *autoconciencias reales*, y solamente en la abstracción, en el elemento de la universalidad, se reparte entre dos figuras individuales. (Hegel, F. del E. p.427-428).

EL DECLINAR DE LA INDIVIDUALIDAD:

Este destino lleva a cabo la despoblación del cielo -la mezcla carente de pensamiento de la individualidad y la esencia-, mezcla por medio de la cual el obrar de la esencia se manifiesta como un obrar inconsecuente, contingente, indigno de ella; pues la individualidad que se adhiere a la esencia sólo de un modo superficial, es lo no esencial. La eliminación de tales representaciones carentes de esencia, que los filósofos de la Antigüedad reclamaban, comienza, por tanto, ya en la tragedia en general por el hecho de que la división de la sustancia se halla dominada allí por el concepto, con lo que la individualidad es, así, allí, la individualidad esencial y las determinaciones son los caracteres absolutos. (Hegel, F. del E. p.430).

LA COMEDIA:

Ante todo, la *comedia* tiene el aspecto de que en ella la autoconciencia real se presenta como el destino de los dioses. La arrogancia de la esencialidad universal se delata en el sí mismo; se muestra prisionera de una realidad y deja caer la máscara. (Hegel, F. del E. p.431).

LA NO ESENCIALIDAD DE LA INDIVIDUALIDAD DE LO DIVINO:
El *pensamiento* racional sustrae la esencia divina de su figura contingente y, en contraposición a la sabiduría carente de concepto del coro, que enuncia diversas

máximas éticas y hace valer una multitud de leyes y determinaciones de deberes y derechos, los eleva a las simples ideas de lo bello y lo bueno. Los puros pensamientos de lo bello y lo bueno, liberados de la suposición que contiene tanto su determinabilidad como contenido cuanto su determinabilidad absoluta, la firmeza de la conciencia, ofrecen, por tanto, el cómico espectáculo de vaciarse de su contenido, convirtiéndose con ello en juguetes de la opinión y de la arbitrariedad de la individualidad contingente. (Hegel, F. del E. p.432-433).

EL SI MISMO SINGULAR CIERTO DE SI COMO ESENCIA ABSOLUTA:

El *sí mismo singular* es la fuerza negativa por medio de la cual y en la cual desaparecen los dioses y sus momentos, la naturaleza que es allí y los pensamientos de sus determinaciones; al mismo tiempo, aquél no es la vaciedad del desaparecer, sino que se mantiene en esta nulidad misma, es cerca de sí y la única realidad. La religión del arte se ha llevado a término en él y ha retornado totalmente a sí. (Hegel, F. del E. p.433).

A través de la religión del arte, el espíritu ha pasado desde la forma de la *sustancia* a la del *sujeto*, pues aquella religión *produce* la figura del espíritu y pone, por tanto, en ella el *obrar* a la *autoconciencia*, que en la sustancia atemorizadora no hace sino desaparecer y en la confianza no se capta ella misma.

(Hegel, F. del E. p.433).

En la RELIGIÓN REVELADA, Hegel nos da las premisas del concepto de la religión revelada; el contenido simple de la religión absoluta; y el desarrollo del concepto de la religión absoluta.

LAS PREMISAS DEL CONCEPTO DE LA RELIGIÓN REVELADA:

En ésta se ha perdido la *realidad* del espíritu ético, los espíritus vacíos de contenido de las individualidades de los pueblos se han congregado en un panteón, no en un panteón de la representación, cuya forma impotente deje hacer a cada cual, sino en el panteón de la universalidad abstracta, del pensamiento puro, que los priva de cuerpo y confiere al sí mismo carente de espíritu, a la persona singular, el ser en y para sí. (Hegel, F. del E. p.435).

EL CONTENIDO SIMPLE DE LA RELIGIÓN ABSOLUTA: LA REALIDAD DE LA ENCARNACIÓN HUMANA DE DIOS.

El contenido tiene en sí dos lados que han sido representados más arriba como las dos proporciones inversas entre sí; uno es aquel según el cual la *sustancia* se enajena de sí misma y se convierte en autoconciencia; el otro, a la inversa, aquel según el cual la *autoconciencia* se enajena de sí y se convierte en coseidad o en sí mismo universal. Ambos lados salen así al encuentro del otro y con ello se ha producido su verdadera unificación. La enajenación de la sustancia, su devenir autoconciencia, expresa el tránsito a lo contrapuesto, el tránsito no consciente de la necesidad o el hecho de que es en sí autoconciencia. Y, a la inversa, la enajenación de la autoconciencia expresa que ésta es *en sí* la esencia universal, mediante cuya mutua enajenación, convirtiéndose cada uno de ellos en el otro, el espíritu cobra ser allí como su unidad. (Hegel, F. del E. p.437).

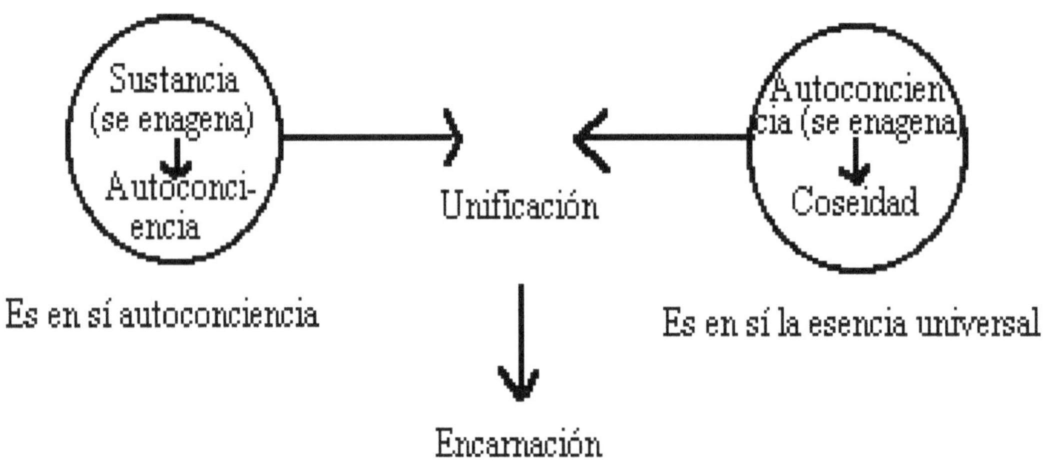

EL SER ALLÍ INMEDIATO DE LA AUTOCONCIENCIA DIVINA:

La conciencia, entonces, no sale de *su* interior partiendo del pensamiento y no enlaza *en sí* el pensamiento de Dios con el ser allí, sino que parte del ser allí presente y reconoce en él a Dios. (Hegel, F. del E. p.439).

LA CONSUMACIÓN DEL CONCEPTO DE LA ESENCIA SUPREMA EN LA IDENTIDAD DE LA ABSTRACCIÓN Y DE LA INMEDIATEZ POR EL SI MISMO SINGULAR:

La esencia absoluta, que es allí como una autoconciencia real, parece haber descendido de su eterna simplicidad, pero de hecho es aquí donde alcanza primeramente su esencia *suprema*. En efecto, el concepto de la esencia, sólo cuando ha alcanzado su simple pureza es la *abstracción* absoluta, que es *pensamiento puro* y, con ello, la pura singularidad del sí mismo, así como en razón a su simplicidad es lo *inmediato* o el *ser*. (Hegel, F. del E. p.440).

EL SABER ESPECULATIVO, COMO LA REPRESENTACIÓN DE LA COMUNIDAD EN LA RELIGIÓN ABSOLUTA:

Esta forma de *representación*[*] constituye la determinabilidad en la que el espíritu, en esta su comunidad, se torna consciente de sí. Esta forma no es todavía la autoconciencia del espíritu que haya llegado a su concepto como concepto; la mediación no es todavía perfecta. Se da, por tanto, en esta conjugación del ser en el pensamiento el defecto de que la esencia espiritual lleva todavía consigo un desdoblamiento no reconciliado en un más acá y un más allá. (Hegel, F. del E. p.442).

---

[*] *Representación:* conjugación sintética de la inmediatez sensible o del ser con su universalidad o del pensamiento. *Fenomenología del Espíritu de Hegel*, p.442.

DESARROLLO DEL CONCEPTO DE LA RELIGIÓN ABSOLUTA:

Su movimiento desarrollado es, el de expandir su naturaleza en cada uno de sus momentos, como en un elemento; al consumarse en sí cada uno de estos círculos, es esta su reflexión dentro de sí, al mismo tiempo, el tránsito al otro. (Hegel, F. del E. p.444).

EL ESPÍRITU DENTRO DE SI MISMO, LA TRINIDAD:

Como *esencia,* es solamente *en sí* o para nosotros; pero, por cuanto esta pureza es cabalmente la abstracción o la negatividad, es *para sí misma* o el *sí mismo*, el *concepto*. Es, por tanto, objetiva; y, en cuanto a la representación aprehende y enuncia como un *acaecer* la *necesidad* del concepto que acabamos de enunciar, se dirá que la esencia eterna se *engendra* un otro. (Hegel, F. del E. p.444).

EL ESPÍRITU, EN SU ENAJENACIÓN, EL REINO DEL HIJO:

El espíritu absoluto, representado en la pura esencia, no es, ciertamente, la pura esencia *abstracta*, sino que ésta, ha descendido a *elemento*. La esencia es lo abstracto y, por tanto, lo negativo de su simplicidad, un otro; y, del mismo modo, el *espíritu* en el elemento de la esencia es la forma de la *unidad simple,* la que, por tanto, es también esencialmente un devenir otro, en este *simple* intuirse de sí mismo en el otro el *ser otro* no se pone, por tanto, como tal; un reconocimiento *del amor* en el que los dos no se *contraponen* en cuanto a su esencia. El espíritu que se enuncia en el elemento del puro pensamiento es él mismo esencialmente esto: no es solamente en él, sino que es espíritu *real*, pues en su concepto radica el mismo *ser otro*, es decir, la superación del puro concepto solamente pensado. El espíritu solamente eterno o abstracto deviene, pues, ante *sí un otro* o entra en el ser allí e inmediatamente en el *ser allí inmediato*. Crea, así, un mundo. (Hegel, F. del E. p.446).

El *bien* y el *mal* eran las diferencias determinadas del pensamiento que se presentaban. Por cuanto que su contraposición no se ha resuelto aún y se las representa como esencias del pensamiento, del que cada una de ellas es independiente para sí, tenemos que el hombre es el sí mismo carente de esencia y el terreno sintético de su ser allí y de su lucha. (Hegel, F. del E. p.449).

Esta oposición no llega a resolverse mediante la lucha de las dos esencias representadas como esencias separadas e independientes. En su *independencia* radica el que cada una deba resolverse en sí misma *en sí,* por medio de su concepto; la lucha termina solamente cuando ambas esencias dejan de ser estas mezclas del pensamiento y del ser allí independiente y cuando se enfrentan la una a la otra solamente como pensamientos. (Hegel, F. del E. p.449-450).

EL ESPÍRITU EN SU PLENITUD, EL REINO DEL ESPÍRITU:

El espíritu es puesto, por tanto, en el tercer elemento, en la *autoconciencia universal;* es su comunidad. El movimiento de la comunidad como el movimiento de la autoconciencia, que es diferente de su representación, es el *producir* lo que ha debido *en sí.* El hombre divino muerto o el dios humano es *en sí.* La autoconciencia universal; tiene que devenir esto *para esta autoconciencia.* O, puesto que constituye uno de los lados de la oposición de la representación, el dado del mal, aquel para el que el ser allí natural y el ser para sí singular valen como la esencia, este lado, que, como independiente no es representado todavía como momento, debe, en razón de su independencia, elevarse en y para sí mismo al espíritu o presentar en él el movimiento del espíritu. (Hegel, F. del E. p.452)

Este lado es el *espíritu natural;* el sí mismo debe retirarse de esta naturalidad e ir dentro de sí, es decir, devenir el mal. Pero es ya malo *en sí*; el ir dentro de sí consiste, en *convencerse* de que el ser allí natural es el mal. El devenir malo que es allí y el ser malo del mundo, así como la reconciliación que *es allí* de la esencia absoluta, caen en la conciencia representativa; pero este representado sólo cae en cuanto a la forma de la *autoconciencia* como tal en tanto que momento superado, pues el sí mismo es lo negativo; lo que, por tanto, le pertenece es el *saber,* un saber que es puro obrar de la conciencia dentro de sí misma. Este momento de lo *negativo* debe expresarse también en el contenido. Puesto que la esencia se ha reconciliado ya *en sí* consigo y es unidad espiritual en al que las partes de la representación son *superadas* o son momentos, esto se presenta de modo que cada parte de la representación adquiere aquí la significación *contrapuesta* a la que antes tenía; toda significación se completa de este modo en la otra, y solamente así es como el contenido es un contenido espiritual; por cuanto que la determinación es asimismo la contrapuesta a ella, se lleva a cabo la unidad en el *ser* otro, lo espiritual; del mismo modo que para nosotros o *en sí* se unificaban antes las significaciones contrapuestas y se superaban incluso las formas abstractas de *lo mismo* y el *no lo mismo*, de la *identidad* y la *no identidad*. (Hegel, F. del E. p.452-453).

Yo explico así los momentos del convencerse del espíritu natural:

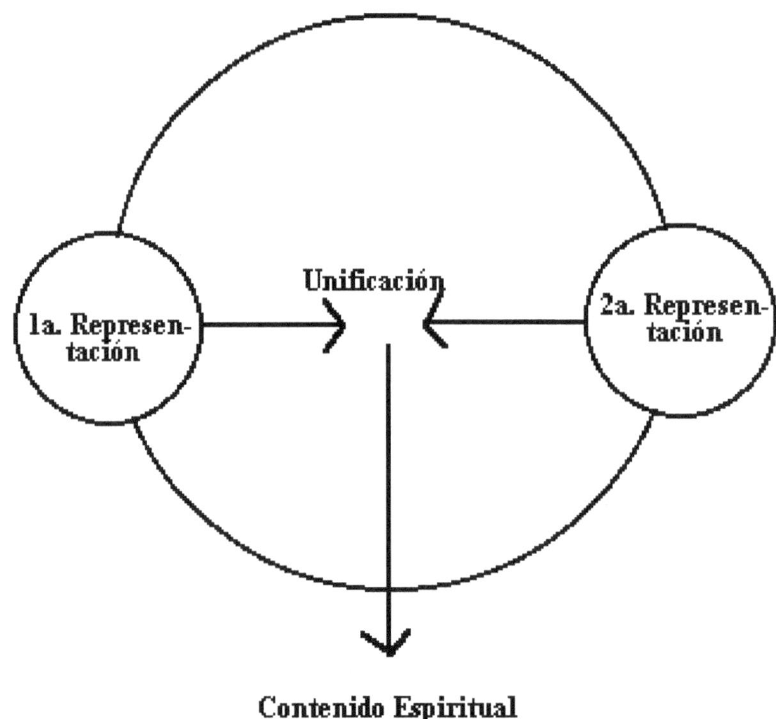

Así como el hombre divino *singular* tiene un padre que es *en sí* y solamente una madre *real,* así también el hombre divino universal, la comunidad, tiene un padre *su propio obrar* y su *saber* y por madre el *amor eterno* que se limita a *sentir,* pero que no intuye en su conciencia como *objeto* inmediato real. Su reconciliación es, pues, en su corazón, pero escindida todavía de su conciencia, y su realidad se halla aún rota. Lo que entra en su *conciencia* como el *en sí* o como el lado de la *pura mediación* es la reconciliación situada en el más allá; pero lo que entra en ella como *presente,* como el lado de la *inmediatez* y del ser allí, es el mundo que tiene que esperar aún su transfiguración. El mundo se halla ya, ciertamente, reconciliado en *sí con* la esencia, y de la *esencia* se sabe, ciertamente, que no conoce ya el objeto como algo extrañado, sino como igual a ella en su amor. Pero, para la autoconciencia, este presente inmediato no tiene todavía figura de espíritu. El espíritu de la comunidad es, así, en su conciencia inmediata, separado de su conciencia religiosa, la que proclama, ciertamente, que estas conciencias no están separadas *en sí*, pero un *en sí* que no se ha realizado que no ha devenido todavía absoluto ser para sí. (Hegel, F. del E. p.456-457).

CAPITULO VII

EL SABER ABSOLUTO

VII. EL SABER ABSOLUTO

El *contenido* del representar es el espíritu absoluto; lo único que aún resta es la superación de esta mera forma o, más bien puesto que esta forma pertenece a la *conciencia* como *tal,* su verdad debe haberse mostrado ya en las configuraciones de la conciencia. Esto es el movimiento de la *conciencia* y esto es, en ello la totalidad de sus momentos. La conciencia tiene que comportarse también hacia el objeto en cuanto a la totalidad de sus determinaciones y haberlo captado con arreglo a cada una de ellas. Esta totalidad de sus deteminaciones hace de *él, en sí,* una esencia espiritual, y para la conciencia llega a ser esto, en verdad, mediante la aprehensión de cada una de sus deteminaciones singulares por separado como del sí mismo, o por medio de aquel comportamiento espiritual que acabamos de referirnos. (Hegel, F. Del E. P.461)

La cosa es yo: de hecho, en este juicio infinito se ha superado la cosa; ésta no es en sí; sólo tiene significación en el comportamiento, solamente por el yo y por su *relación* con él. Este momento se ha alcanzado para la conciencia en la pura intelección y en la Ilustración. Las cosas son sencillamente *útiles* y sólo deben considerarse según su utilidad. La autoconciencia *culta,* que ha recorrido el mundo del espíritu extrañado de sí, ha producido por su enajenación la cosa como sí mismo y, por tanto, se conserva todavía ella misma en él y sabe su falta de independencia o sabe que la cosa sólo es, *esencialmente, ser para otro*. (Hegel, F. Del E. P.462-463)

El espíritu cierto de sí mismo en su ser allí no tiene como elemento del ser allí otra cosa que este saber de sí; la enunciación de que lo que hace lo hace con arreglo a la convicción del deber, este su lenguaje, es la *validez* de su *obrar*. (Hegel, F. Del E. P.463)

El contenido, lo mismo que el otro lado del espíritu autoconsciente se da y ha sido mostrado en su perfección; la unificación, que falta aún, es la unidad del concepto. Este se da ya también en el lado de la misma autoconciencia; pero, tal como se ha presentado anteriormente, tiene, como todos los demás momentos, la forma de ser una figura particular de la conciencia. Es pues, aquella parte de la figura del espíritu cierto de sí mismo que permanece quieto en su concepto y que se llamaba el alma bella. Esta es, en efecto, su saber de sí misma en su unidad translúcida y pura, no sólo la intuición de lo divino, sino la auto intuición de ello. (Hegel, F. Del E. P.464-465).

Una de las dos partes de la oposición es la desigualdad del ser dentro de sí, en su *singularidad*, frente a la universalidad, la otra, la desigualdad de su universalidad abstracta con respecto al sí mismo; aquélla agoniza ante su ser para sí y se enajena, se confiesa: ésta renuncia a la dureza de su universalidad abstracta y agoniza de este modo con respecto a su sí mismo carente de vida y a su inmóvil universalidad; de tal modo, por tanto, que lo primero se ha completado por el momento de la universalidad, que es esencia, y lo segundo por la universalidad, que es sí mismo. Mediante este movimiento del obrar, el espíritu, -que solamente es espíritu porque *es allí*, porque eleva su ser allí al *pensamiento* y, con ello, a la absoluta *contraposición*, y, partiendo de ésta y pasando por ella, retorna a sí mismo- el espíritu surge como pura universalidad del saber, que es autoconciencia, -como autoconciencia, que es la unidad simple del saber. (Hegel, F. Del E. p.466).

Mi figura sería la siguiente:

Lo que, por tanto, era en la religión *contenido* o forma de la representación de un *otro*, esto mismo es aquí *obrar* propio de sí mismo; el concepto es lo que unifica, así como el contenido es *obrar* propio de sí mismo. Lo que aquí hemos añadido es solamente, en parte, la *reunión* de los momentos singulares cada uno de los cuales les presenta en su principio la vida del espíritu todo y, en parte, la fijación del concepto en la forma del concepto, cuyo contenido se había dado en aquellos momentos e incluso bajo la forma de una *figura de la conciencia*. (Hegel, F. Del E. p.466).

La ciencia contiene en ella misma la necesidad de enajenar de sí la forma del puro concepto y el tránsito del concepto a la *conciencia*. Pues el espíritu que se sabe a sí mismo, precisamente porque capta su concepto, es la inmediata igualdad consigo mismo, que en su diferencia es la *certeza de lo inmediato* o la *conciencia sensible*, el comienzo de que arrancábamos; este despojarse de la forma de su sí mismo es la más alta libertad y seguridad de su saber de sí. (Hegel, F. Del E. P.472).

Pero el otro lado de su devenir, la *historia*, es el devenir que *sabe*, el devenir que *se mediatiza* a sí mismo. Este devenir representa un movimiento lento y una sucesión de espíritus, una galería de imágenes cada una de las cuales aparece dotada con la riqueza total del espíritu, razón por la cual desfilan con tanta lentitud, pues el sí mismo tiene que penetrar y dirigir toda esta riqueza de su sustancia. (Hegel, F. Del E. p.472-473).

Por cuanto que la perfección del espíritu consiste en saber completamente lo que *él es,* su sustancia, este saber es su *ir dentro de sí,* en el que abandona su ser allí y confía su figura al recuerdo. En su ir dentro de sí se hunde en la noche de su autoconciencia, pero su ser allí desaparecido se mantiene en ella; y este ser allí superado -el anterior, pero renacido desde el saber-, es el nuevo ser allí, un nuevo mundo y una nueva figura del espíritu. En él, el espíritu tiene que comenzar de nuevo desde el principio, despreocupadamente y en su inmediatez y crecer nuevamente desde ella, como si todo lo anterior se hubiese perdido para él y no hubiese aprendido nada de la experiencia de los espíritus que le han precedido. Pero sí ha conservado el *recuerdo,* que es lo interior y de hecho la forma superior de la sustancia. Por tanto, si este espíritu reinicia desde el comienzo su formación, pareciendo solamente partir de sí mismo, comienza al mismo tiempo por una etapa más alta. El reino de los espíritus que de este modo se forma en el ser allí constituye la sucesión en la que uno ocupa el lugar del otro y cada uno de ellos asume del que le precede el reino del mundo. Su meta es la revelación de la profundidad y ésta es el concepto absoluto; esta revelación es, así, la superación de su profundidad y ésta es el *concepto absoluto;* esta revelación es, así la superación de su profundidad o su *extensión,* la negatividad de este yo que es dentro de sí, que es su enajenación se enajena en ella misma y es, así, el sí mismo tanto en su extensión como en su profundidad. *La meta* el saber absoluto o el espíritu tiene como su camino el recuerdo de los espíritus como son en ellos mismos y cómo llevan a cabo la organización de su reino. Su conservación vista por el lado de su ser allí libre, que se manifiesta en la forma contingente, es la historia, pero vista por el lado de su organización conceptual es la *ciencia del saber que se manifiesta,* uno y otro juntos, la historia concebida, forman el recuerdo y el calvario del espíritu absoluto, la realidad, la verdad de la certeza de su trono, Sin el cual el espíritu absoluto sería la soledad sin vida; solamente

del cáliz de este reino de los espíritus

reboza para él su infinidad.

(Hegel, F. Del E. P. 473).

CONCLUSIONES

CONCLUSIONES

Cuando se difunden las ideas de la Ilustración en Europa, se da la Revolución Francesa. Cuando llegan las ideas de la Ilustración a México (Nueva España) se inicia la Revolución de Independencia.

Así podemos iniciar nuestro cuadro comparativo de la Ilustración, visto desde la Fenomenología del Espíritu de Hegel.

EL PRIMER MOMENTO DE LA FENOMENOLOGÍA ES LA

CONCIENCIA

Se enfrenta al mundo pero no se reconoce en él.	En 1808 en México la ebullición ideológica se precipita. El mundo le es transmitido por medio de las lecturas de los libros que llegan a ella, conoce nuevas cosas, pero no se reconoce en ellas.
La conciencia sabe algo; reflexiona en sí misma: es la figura del en sí de la conciencia.	Hay oposición a su mundo, responden al llamado de Hidalgo e inicia la lucha. Sin embargo la conciencia sabe algo, reflexiona en sí misma, se pregunta sobre sus deberes, sus limitaciones, sus derechos, sobre la libertad, la soberanía, etc. Se le abre un nuevo panorama.
La conciencia experimenta en la certeza sensible, en la percepción, y en el entendimiento.	Con la iniciación de la lucha por la independencia comienza la experiencia de la conciencia en la certeza sensible, en la percepción y en el entendimiento.

La conciencia se opone al mundo: es conciencia del exterior.	La conciencia se opone al mundo, lucha contra ese mundo: es conciencia del exterior o de lo que sucede.

EL SEGUNDO MOMENTO DE LA FENOMENOLOGÍA ES LA

AUTOCONCIENCIA

Es conciencia que se reconoce, va de su independencia a su libertad, sólo ésto le preocupa para salvarse y mantenerse. El comportamiento de dos autoconciencias se halla determinado de tal modo que se comprueban por sí mismas y la una a la otra mediante la lucha a vida o muerte, y deben entablar esta lucha para elevar la certeza de sí	El hombre busca su independencia y su libertad. En el desarrollo de las revoluciones vemos la lucha de las autoconciencias contrapuestas. Es palpable la similitud en el desarrollo de las revoluciones provocadas por la Ilustración, vemos que en España se dicta la Constitución de Cádiz y en México la Constitución

mismas. Arriesgando su vida mantienen su libertad. Ahora tiene la certeza de sí misma y de la realidad, antes no comprendía el mundo. En la autoconciencia vemos la independencia y la sujeción; el señorío y la servidumbre; la libertad de la conciencia; el estoicismo; el escepticismo; y la conciencia desventurada.	de Apatzingán. En el transcurso de la lucha se presentan momentos de estoicismo, de escepticismo, hay señorío y servidumbre, presenciamos la conciencia desdichada. Ahora tiene la certeza de sí y de su realidad. El hombre comprende el Mundo. La apetencia o el deseo que persiguen es su independencia, su libertad.

EL TERCER MOMENTO DE LA FENOMENOLOGÍA ES LA

RAZÓN

Como razón, segura de sí misma, se pone en paz con el mundo y con su propia realidad y puede soportarlos, antes no los comprendía, ahora le interesa en su permanencia y no en su desaparición, pues tiene la certeza de experimentarse en él.	A la consumación de la independencia el hombre descubre su nuevo mundo, su Nación, su México, antes no le interesaba, ahora es su verdad y su presencia y tiene la certeza de experimentarse solamente en él.
Antes solo percibía y experimentaba en la cosa, ahora dispone sus observaciones y su experiencia.	Ahora el hombre dispone las observaciones y la experiencia. Plantea como organizar o estructurar su sociedad.
Para poder realizarse y tomar posesión de su propiedad y plantar el significado de su soberanía, primero se realiza ella misma, y después experimenta su realización.	Como ejemplo hemos puesto a Mora, a Zavala, a Zea y a Morelos, que hacen planteamientos de organización. Para poder realizarse en el mundo tuvieron primero que realizarse ellos

Como razón observante es yo que conoce, observa la naturaleza y busca la cosa. Como razón activa, es realización de su goce o apetencia, es yo practico, se busca a sí misma. Como razón operante, es individualidad, obrar es su objeto y trata de elevar su tarea a universal, el mundo es su obra, busca crear el mundo. Su obra deja de ser individual o singular para ser universal, busca elevarse y lograr el bien de la humanidad.	mismos, habían ya recorrido los anteriores dos momentos. Morelos hizo la primera formulación filosófico-política de la nación mexicana. Zavala presentó un proyecto de reforma al Congreso dando énfasis a la religión, la educación, legislación y a las ideas de honor. Finalmente Zavala crea un colegio, su obra deja de ser individual, y busca lograr el bien de la humanidad.

Si bien los tres primeros momentos de la fenomenología son abstracciones del espíritu, son momentos de desarrollo de la conciencia individual, se conoce y se realiza.

Los tres siguientes momentos de la fenomenología son espíritus reales, auténticas realidades, como dice Hegel, los momentos de estas experiencias se realizarán hacia afuera, dejan de ser individualidades para ver lo universal o lo general. Son el superarse del espíritu o de los espíritus: el espíritu verdadero; el espíritu extrañado de sí mismo; y el espíritu cierto de sí mismo.

EL CUARTO MOMENTO DE LA FENOMENOLOGÍA ES EL

ESPIRITU

En este capítulo es donde Hegel nos describe ampliamente el mundo, o las esencias reales, compuesto de dos espíritus: el más acá real y más allá ideal, estos dos mundos son trastocados por la intelección y su difusión: la Ilustración.

Podemos con este capítulo comprender con las palabras de Hegel como se llevó a efecto la Revolución Francesa, podemos asimismo comprender los efectos que trajo la Ilustración a México: la Revolución de Independencia.

EL QUINTO MOMENTO DE LA FENOMENOLOGÍA ES LA

RELIGIÓN

La religión como dice Hegel, presupone todo el curso de los momentos. No podemos llegar aquí sí no hemos recorrido el camino, sin esto no podríamos entender la posición en que ubica al hombre Hegel, la plenitud de la religión consiste en reconocer a los dos mundos anteriores como iguales. Ese distinguir para unir del que ya hable.

Los espíritus que presenta Hegel son auténticos modelos de comprensión de la forma en que se organizan los espíritus, y los medios que utilizan para realizarse: el himno; el oráculo; el culto; la epopeya; la tragedia; la comedia.

Son estas figuras auténticos modelos de una estructura de Nación que sigue vigente y que podemos seguir desarrollando.

EL SEXTO MOMENTO DE LA FENOMENOLOGÍA ES EL *SABER*

ABSOLUTO

En el saber absoluto se han enajenado y complementado los dos mundos, y llegan a su último momento, en el cual se elevan al máximo grado de abstracción y retornan a sí; llegan a la unidad simple del saber y con esto al *saber absoluto*: termina una etapa y hay que volver a empezar, pero se empieza en un grado más alto.

RESUMIENDO

Los tres primeros momentos son:

.Conciencia: que es *en sí* y nos da el *encontrarse* del hombre.

.Autoconciencia: que es *para sí* y nos da el *comprender* del hombre.

.Razón: que es *en sí y para sí* y nos da el *hablar* del hombre.

El hombre se encuentra, comprende y forma su Nación.

Los tres segundos momentos son:

Espíritu: que es *en sí* y en el que el hombre tiene la *certeza sensible.*

Religión: que es *para sí* y el hombre *percibe* la realidad absoluta.

Saber absoluto: que es *en sí y para sí* y el hombre *entiende* el absoluto.

El hombre tiene la certeza sensible, percibe la realidad absoluta, comprende la realidad absoluta y construye su mundo.

MI MODELO ES EL SIGUIENTE

P A S O S:

1.- *Conciencia*   *En sí*   *Encontrarse*

2.- *Autoconciencia*   *Para sí*   *Comprender*

3.- *Razón*   *En sí y para sí*   *Hablar*

4.- *Espíritu*   *En sí*   *Certeza Sensible*

5.- *Religión*   *Para sí*   *Percepción*

6.- *Saber absoluto*   *En sí y para sí*   *Entendimiento*

Primero lo aplicamos para comprender *El mundo feliz de Huxley;* después lo utilizamos para comprender *La independencia de México;* ahora apliquémoslo en algo muy sencillo: *Nuestra profesión.*

P A S O S:

1.- Entro a la facultad de Filosofía (o cualquier otra) y tomo conciencia de lo que es, me encuentro en ella.

2.- Comprendo lo que es la filosofía.

3.- Participo en diálogos filosóficos, expongo.

4.- Tengo que perfeccionar mi aprendizaje: poseo los tres momentos anteriores y tengo una certeza sensible al iniciar mi obra no abstracta sino real. Inicio una tesis, o un proyecto.

5.- Percibo la realidad o la realización de mi obra, comprendo el absoluto. Desarrollo mi tesis, o mi proyecto.

6.- Concluyo mi obra. Termina una etapa de mi vida y tengo que volver a empezar, pero empezaré en una etapa más alta.

PERSPECTIVAS DE MI TESIS

1.- Elaborar un libro en el cual se haga comprensible o se desarrolle únicamente el método, o el modelo de la Fenomenología del Espíritu de Hegel, con vistas de que sea útil para interpretar, criticar, analizar, proponer, modificar y construir nuevos modelos.

2.- Impartir el método a un grupo interdisciplinario y hacer o darles una problemática a analizar utilizando el modelo. Se podrá percibir en que momento se encuentra el problema y teniendo el conocimiento el grupo, podrán hacer nuevas propuestas, dar soluciones, en base a su formación e intercalada con las otras disciplinas.

3.- Estudiar y conocer perfectamente la estructura de nuestra nación y en base a la historia y a la filosofía hacer una recreación de nación, utilizando para ello por supuesto las otras disciplinas, el derecho principalmente.

No quiero cerrar o dar por concluida esta tesis sin antes relatar y dejar por sentado el cimiento que he construido:

Cuando concluí la última figura que les presento en esta tesis (en el saber absoluto) sentí un cosquilleo en mi cuerpo, una sensación no se si de miedo, porque en esta figura quedaba incluida la imagen de una cruz, y a esa cruz le estaba dando yo unos nuevos significados, muy distintos a los que se me habían enseñado. Pero enseguida lo que sentí fue un gusto, me dió mucho gusto ver que en esa figura podía acomodar perfectamente el título de mi tesis -y es una figura que quiero dejar en su imaginación- HOMBRE, NACIÓN E ILUSTRACIÓN EN MÉXICO, DESDE LA FENOMENOLOGÍA DEL ESPIRITU DE HEGEL. Esta figura al mismo tiempo que me daba el final de una obra, también me daba la pauta para el

inicio de otra.

Gracias: VICKY

4-nov-1996.

.

BIBLIOGRAFIA

BIBLIOGRAFÍA

Hegel, G.W.F., *Fenomenología del espíritu,* F.C.E., Méx. 1994.

Hegel, G.W.F., *Enciclopedia de las ciencias filosóficas,* editorial Porrúa, S.A. "Sepan Cuantos" núm.187, Méx. 1990.

Kojeve, Alexandre, *La dialéctica del amo y del esclavo en Hegel,* editorial la Pléyade, Buenos Aires, 1987.

Santo Padre Juan Pablo II, *Carta Encíclica Laboren Exercens,* documentos pontificios número 15.

Zea, Leopoldo, *Del Liberalismo a la Revolución en la Educación Mexicana,* SEP, biblioteca pedagógica de perfeccionamiento profesional, núm. 28, Méx. 1963.

Hale, Charles A., *El liberalismo mexicano en la época de Mora,* editorial Siglo XXI, Méx. 1991.

Von Nell-Breuning, Oswald, *Liberalismo,* editorial Jus, Méx. 1962.

Sin Autor, obra mutilada, *El pecador sin causa,* aprox. S.XVIII, Biblioteca del Museo Regional de Querétaro.

Gómez Hermosilla, José, *El jacobismo,* tomo 1, Galván, Méx. 1834.

Gómez Hermosilla, José, *El jacobismo,* tomo II, Galván, Mex. 1834.

Carl Lumholtz, M.A., *El México desconocido,* Publicaciones Herrerias, S.A., tomo 1, Méx. 1945.

Rodríguez Palacios, Mario Alfonso, *México en la Historia,* editorial Trillas, Méx. 1983.

Serrano Migallón, Fernando, *El grito de independencia,* Historia de una pasión nacional, Porrúa, S.A., Méx. 1981.

Torner, Florentino M., *Resumen integral de México a Través de los Siglos,* tomo 1, Compañía General de Ediciones, S.A., México. 1961.

Rousseau, Juan Jacobo, *El contrato social,* editorial Porrúa, "Sepan Cuantos" núm. 113, Méx. 1974.

López de Lara, Guillermo, *Ideas Tempranas de la Política Social en Indias,* editorial Jus, Méx. 1977.

Reyes Heroles, Jesús, *El liberalismo mexicano,* F.C.E. tomo 1, II y III, México, 1988.

Zarate, Julio, *Resumen integral de México a través de los siglos,* tomo III, La guerra de independencia, Cía. General de Ediciones, S.A., Méx. 1961.

Altamirano, Ignacio, *Historia y política de México,* El liberalismo mexicano en pensamiento y acción, Méx. 1947.

Villoro, Luis, *La revolución de independencia,* Imprenta Universitaria de México, 1953.

María de la Luz Parcero, *Lorenzo de Zavala,* Fuente y origen de la reforma liberal en México, Instituto Nacional de Antropología e Historia, Méx. 1969.

Orozco Linares, Fernando, *Grandes momentos del la historia de México,* editorial Panorama, Méx. 1987.

Powell, T.G., *El liberalismo y el campesinado en el centro de México,* SEP, Méx. 1974.

Laski, Harald J., *El liberalismo europeo,* F.C.E., Méx. 1936.

Villarreal, Rene, *Liberalismo social y reforma del estado,* México en la era del capitalismo posmoderno, F.C.E. Méx. 1993.

Maritain, Jaques, *Distinguir para unir o los grados del saber,* tomo I, ediciones Desclée de Brouwer, Buenos Aires.

Husley, Aldous, *Un mundo feliz,* Un mundo feliz, Editorial Diana, México 1994.Juan Pablo II, *Carta Encíclica Laboren Exercens,* documentos pontíficios número 15.